권오길 교수의
갯벌에도 뭇 생명이…

권오길 교수의
갯벌에도 뭇 생명이…

초판 1쇄 발행일 2011년 11월 18일
초판 2쇄 발행일 2018년 3월 8일

지은이 권오길
펴낸이 이원중

펴낸곳 지성사 출판등록일 1993년 12월 9일 등록번호 제10-916호
주소 (03408) 서울시 은평구 진흥로 1길 4 (역촌동 42-13) 2층
전화 (02) 335-5494 ~ 5 팩스 (02) 335-5496
홈페이지 지성사.한국 | www.jisungsa.co.kr 이메일 jisungsa@hanmail.net

ⓒ 권오길, 2011

ISBN 978-89-7889-245-2 (03470)

이 도서의 국립중앙도서관 출판예정도서목록(CIP)은 서지정보유통지원시스템홈페이지
(http://seoji.nl.go.kr)와 국가자료공동목록시스템(http://www.nl.go.kr/kolisnet)에서
이용하실 수 있습니다. (CIP제어번호:CIP2011004774)

권오길 교수의

갯벌에도
뭇 생명이...

권오길 지음

지성사

머리말

　허참, 이렇게 한세상 살다 가는가 보다. 삶의 엄숙함도 모르고 말이지! 퇴임을 하고 오도 가도 못하는 하릴없는 빈탕 처지가 되어 그저 밥이나 축내는 못난 신세지만 그래도 눈만 뜨면 글방에 나와 내내 컴퓨터 앞에 앉아 나름대로 바지런하게 하루를 죽인다. 더군다나 몇 자라도 긁적거리지 않으면 좀이 쑤시고 뭔가 민망하고 불안한 것이 하루를 헛 산 느낌이 든다. 습관이란 참 무섭다. 글쓰기는 '피를 잉크로 바꾸고', '생채기에 통소금을 뿌리는' 형벌이라 하지만 여태 몰랐던 것을 배우면서 써 가는 앎의 기쁨이 쏠쏠하다는 것은 글쟁이들만이 알 수 있다. 오늘도 '〈'를 '가랑이표'라 하고 '〉'을 '거꿀가랑이표'라 부른다는 것을 새로 배웠다! 요컨대 글 농사를 평생의 업業으로 삼고 오붓이 살아가는 것이 과연 재앙인가, 축복인가? 그래도 일이 없어 밍그적거리며 부평초 인생을 사는 또래들에 비하면 복 받은 셈. 암튼 글쓰기가 조금 익어 가려 하는데 몸이 말을 듣지 않는 미련퉁이 꼰대가 되어 가니 걱정이 태산이다. 남자의 마지막 이름이 '할아버지'라지. 어허! 이거야 원 시간이 많이 남지 않았다! 허나 명을 다하는 순간까지 굳건히 쓰고 또 쓸 것이다.

　글쓰기란 커다란 원석原石을 쪼개고 다듬어 가는 석공예가 아닌가 싶다. 글쟁이는 곧 석수장이, 석공이렷다! 어렵사리 어마어마한 원광석原鑛石 하나를 구해 놓고 이모저모 낱낱이, 구석구석 살펴서 공구로 자르고 정질하고, 망치로 툭툭 치고 쪼아 얼추 얼개를 잡고 나서는, 꼼꼼하고 조심스럽게 파고 떼 내고 말끔하고 깔끔하게 깎고 다듬기에 정성을 다한다. 드디어 어렴풋이나마 바라던 모습이 드러나니 "원석에 이미 부처가 들었었다."는 말을 실감한다. 겉을 그라인더로 갈고, 닦고, 잔손질로 문질러 반질반질하게 할 뿐더러 필요에 따라서는 기름 덧칠도 한다. 마침내 떡하니 책방에 내놓을 책 한 권이 탄생하게 되었다! 15년 전 『꿈꾸는 달팽이』를 시작으로 거의 매년 한두 권씩을 줄줄이 낳았고, 근래 낸 『흙에도 뭇 생명이』에 이어서 이 책 『갯벌에도 뭇 생명이』, 잇따라 『강에도 뭇 생명이』, 『산들에도 뭇 생명이』까지 착착 이어 나갈 참이다.

    사실 갯벌의 생태, 자연환경을 가장 잘 아는 사람은 바로 갯사람들이다. 그렇다, 갯벌은 갯마을 사람들의 논밭이요, 삶터다. 또 갯벌은 다이아몬드 광산보다 더 나은 '생금밭'이다. 단순한 넓은 들판이 아니다. 그들이 제일 귀하게 여기는 원칙이 있으니, 생명줄인 새끼 조개는 절대 잡으면 안 된다는 것. 씨앗돈이요, 마중물인 것이니 말이다. 갯벌을 흔히 '자연의 콩팥'이라 부르니 오염 물질을 분해하는 자연의 여과기濾過機이자 정화조淨化槽 역할을 하기 때문이다. 또 해안의 침식을 막고 홍수의 피해를 줄이는 완충緩衝 작용을 하며, 생물들의 서식처와 산란장으로서 생태적인 기능을 한다. 갯벌은 바다의 10배 이상, 농경지의 5배 이상의 생산력을 가져 경제적 가치가 높고, 해수욕이나 관광 등을 제공하는 휴식 공간으로서 문화적 역할을 하며, 자연 탐구를 위한 교육 장소가 되기도 한다. 뿐만 아니라 갯벌 염전에서 그 귀중한 소금을 만든다. 소금은 바로 생명 그 자체인 것.

    수많은 갯벌 생물 중 이 책에서 다룬 것은 다정히 이웃하여 사는 꼬맹이 원생동물을 시작으로 민물해면동물, 왕털갯지렁이 등 6종의 환형동물, 총알고둥 등 21종의 연체동물, 갯강구나 도둑게 따위 11종의 절지동물, 별불가사리 등 3종의 극피동물, 문절망둑 등 어류 6종, 저어새 등 조류 6종으로 여러 무리들의 소소한 속내까지 알차게 펼쳐 보이고 있다. 덧붙여 퉁퉁마디 등 염생 식물 8종도 설명의 대상으로 잡았다.

하지만 옹졸한 인간들이 기고만장氣高萬丈하여 한 치 앞을 못 보고 떵떵거리며 안달복달, 딴짓 한답시고 멀쩡한 갯벌을 너무도 짓밟아 망가뜨렸으니, 수천수만 년을 지켜온 귀중한 바다 지킴이인 갯벌 생물들이 사라지면 이 땅의 역사도 생명도 소멸되고 만다. 톡톡히 수업료를 냈으니 이쯤에서라도 갯벌을 푸대접하고 헤프게 대해 오지는 않았는지 기꺼이 되돌아보아야 한다. 아쉽지만 외려 늦다 생각할 때가 빠른 때라지 않는가. 갯벌도 다 필요하여 생겨난 것. 아무쪼록 소중한 갯벌을 타박하고 윽박지르지 말고 너그럽게 있는 그대로 둔다! 섣불리 다루었다가는 나중에 천추의 한이 될 터이다. 갯벌이 살아야 사람도 산다! 무위자연無爲自然을 재다짐하자고 이 책을 낸다.

2011년 11월
운봉

차례

머리말——4

1장 갯벌, 바다를 머금다

지구의 탄생 —— 13
새 생명이 태동하다——15
바다가 생긴 것은 대기가 생기고 난 뒤부터——18
바닷물의 특성——21
밀물과 썰물 —— 25
흙이란?——28
갯벌과 개펄——31
뉴질랜드와 호주의 바다는 우리와 정반대——38
갯벌의 유형——40
갯벌은 어떤 일을 할까? ——43
갯마을 사람들을 먹여살리는 갯벌——47
갯벌의 소금밭에서 피의 소금을 만든다 —— 52
소금의 과학——54

사람 잡는 갯골 36   바다는 3.5퍼센트의 소금물 59
소금에 얽힌 이야기 62

2장 갯벌에 깃든 생물들

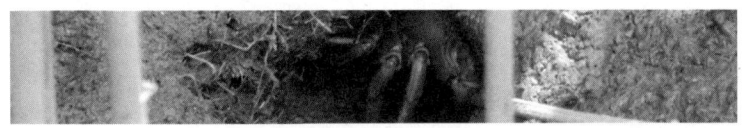

개펄에 사는 단세포생물, 세균 · 플랑크톤 · 원생동물 —— 69

해면동물 —— 74

자포동물+유즐동물=강장동물 —— 78

고리 모양의 수많은 마디를 가진 환형동물 —— 86

오징어 문어처럼 몸이 물렁물렁한 연체동물 —— 103

완족동물 —— 174

절지동물의 갑각류 —— 178

극피동물 —— 231

바다선인장 85 땅에 사는 유일한 갑각류, 쥐며느리 189

그 외 갯벌의 게들 227

3장 갯벌은 잠들지 않는다

어류 —— 245

조류 —— 258

염생 식물 —— 281

독살 256 죽방렴 257

1장 갯벌, 바다를 머금다

지구의 탄생

　원시 지구는 온도가 매우 높은 마그마magma의 바다였다. 한참이 지난 후 온도가 점차 내려가면서 지구에는 핵核과 지각地殼, 그리고 대기大氣들이 만들어지기 시작했다. 이때 미지未知의 행성行星에서 나온 고밀도의 금속철 성분은 지구의 중심부로 침강沈降, 가라앉음하여 핵을 이루고, 가벼운 것들은 가스로 증발했다. 원시 지구는 이 가스들을 붙잡아 원시 대기를 만들었는데, 원시 대기는 지구에서 얻은 수증기를 많이 품고 있었다. 지구의 온도가 계속 내려가면서 표면층이 굳어지고, 수증기는 물로 변해 아래로 떨어져 표면에 고였다. 이렇게 바다가 생성되었다. 대기에 포함되어 있던 다량의 수소는 우주 공간으로 달아나고, 물과 이산화탄소를 주성분으로 하는 대기가 탄생했다.

　　믿어도 좋고 안 믿어도 좋다. 어쨌든 이렇게 어엿한 지구가 생겨난 것만은 사실이지 않은가. 거기에 드디어 생명이 탄생했고, 그것이 조상이 되어 자자손손子子孫孫 유전자DNA가 이어져 왔으며, 지구가 정정하고 성성하게 존재하는 한 그 DNA는 대대로 이어져 내려갈 것이다. 이렇게 어렵사리 만들어져 별 탈 없이 지내 온 지구가 앞으로도 아무런 이상이 없어야 할 텐데 걱정이다. 달리 대책이 없는 지구 온난화가 어떻고 엘니뇨El Nino가 어쩌고 하니 한결 걱정이 되어 하는 말이다. 이렇게 지구가 우리를 낳아 주고 품어 주는 '어머니' 라면 태양은 우리에게 먹을 것을 주는 '아버지' 라 하겠다. 왜냐하면 우리가 이용하는 에너지는 대부분 태양에서 비롯되기 때문이다. 수력과 풍력은 물론이고, 나무나 석탄, 석유 등도 모두 태양열을 저장한 것이다.

새 생명이 태동하다

필자가 어딘가에 쓴 글을 조금 다듬어 옮겨 본다.

"초기의 지구 대기에는 산소가 없었다. 엽록체葉綠體로 광합성을 한 것이 25억 년 전인데 이때 나온 산소가 대기를 가득 채우는 데는 10억 년이 걸렸고, 그 다음에야 다세포 생물이 등장하였다고 한다. 산소의 탄생은 지구의 생물계를 완전히 뒤바꾸는 전기가 되었으니 지금까지 무기 호흡을 하던 혐기성嫌氣性 생물을 누르고 유기 호흡을 하는 호기성好氣性의 것들이 지구를 지배하기 시작한다. 그리고 약 5억 년 전에 광합성 기술을 습득한 고등 녹색 식물들이 그것을 먹고 사는 동물의 등장을 가능케 했고, 덕분에 사람도 지구에 출현하기에 이르렀다. 하도 알쏭달쏭하여 소설도 이런 소설이 없어 보이지만……. 그러나 생명의 탄생은 천우신조天佑神助, 하늘이 돕고 신령이 도운 눈물겨운 일이다."

생명의 탄생에 대해서는 섣불리 가늠하기가 어렵다. 여러 가지 설이 있지만 무엇보다 바다든 유황 온천이든 간에 아주 옛날 아주 간단한 생물체가 일단 만들어졌고, 그것이 긴 세월을 지나면서 변해 지금의 생물이 되었다고 보는 것이다. 그렇다. 탄생은 죽음을 예고하는 것. 삶은 사람에 따라 불평등하나 죽음 하나는 평등하다. 생사불이生死不二요, 공空인 것을. 가고 머묾이 다르지 않듯이 생성과 소멸 또한 그렇다.

여러 가지 설이 있어 확실하지는 않지만 인간의 첫 조상이 400만 년 전, 현대인의 조상이 1만 년 전에 처음 나타났다고 볼 때, 내 손바닥의 세균들은 그에 비하면 얼마나 일찍 이 지구에 온 우리의 선배들인지 모른다. 그래서 지구의 나이를 1년으로 줄여서 본다면 그해의 맨 끝자락인 12월 31일, 오후 8시에 인류가 태어난다. 그런 주제에 떵떵거리며 날뛰고 있으니 대견스럽기도 하지만 굴러 온 돌이 박힌 돌 뽑아 제치는 격이랄까, 해 대는 꼬락서니가 일견一見 대단하면서도 가소롭다 하겠다.

하긴 지금 이 순간에도 모든 생물들은 부득불不得不 자연 선택이나 자연 도태를 하면서 진화進化를 하고 있을 터! 변하는 것이 진화! 기한飢寒에 발도심發道心이라고, 춥고 배가 고파야 착한 마음이 생긴다. 그래서 젊어 고생을 사서하고, 궂은일 마다 않고 피땀을 흘린다. 삭신을 쑤시는 칼 추위가 뼛속에 사무치지

16

않고 어찌 봄 매화가 향기를 피우겠는가. 역경逆境을 순경順境으로, 괴로움을 즐거움으로 승화시킬 줄 알게 되고, 정녕 오늘의 고생은 내일의 삶에 영양가 높은 거름이 된다. 실은 불광불급不狂不及, 미쳐야 뭔가를 이룬다! 옳거니, 그렇고 말고! 고된 삶을 사는 당신은 지금 진화하는 중!

바다가 생긴 것은 대기가 생기고 난 뒤부터

　이제 슬슬 일렁거리는 바다 쪽으로 유유히 방향을 틀어 본다. 우리 모두 어렴풋이나마 알듯이, 원시 지구에는 화산이 끊임없이 폭발했다. 화산이 폭발할 때 나오는 화산 가스의 주요 성분은 수증기다. 하여 원시 대기 중에 수증기가 늘어나면서 구름이 형성되어 비가 내리기 시작했고, 이 엄청난 비가 모여서 약 38억 년 전에 원초原初의 바다를 형성했다고 한다. 바다의 면적은 3억 6000만 제곱킬로미터로 지구 표면의 약 71퍼센트를 차지하며, 평균 수심은 약 3800미터이다.

　육지와 바다의 비율은 위도에 따라 다르다. 육지의 약 68퍼센트가 북반구에 편중되어 있으며, 남반구의 바다 면적은 북반구 바다 면적의 2배나 된다. 이로 인해 북반구와 남반구는 기후의 차이를 보인다. 굳이 따진다면 북반구와 남반구는 계절도 엇돌지 않던가? 우리가 겨울이면 호주나 뉴질랜드는 여름이다.

대기 중의 수증기가 비로 내려 만들어졌으므로 당연히 태초太初에 원시 바닷물은 싱거웠다. 그런데 왜 지금은 짠가? 그것은 길고 긴 세월 동안 강물이 육지의 미네랄 성분들을 계속해서 바다로 끌고 들어오기 때문이란다. 지금도 소량이지만 여전히 0.1퍼센트1퍼밀, 1‰ 이하의 소금이 끊임없이 민물에 섞여 바다로 흘러들고 있다. 바다의 물이 증발하면 염분의 농도가 짙어져 바닷물이 짜진다. 바닷물의 평균 염분 농도는 3.5퍼센트35퍼밀, 35‰ 정도인데, 지역마다 조금씩 농도가 달라서 우리나라 바다만 해도 동해는 3.5퍼센트, 서해는 3.3퍼센트, 남해는 3.4퍼센트로 동해 바다가 가장 짜다고 한다. 남서해안은 중국의 양쯔 강揚子江 물이 섞여들어 염도가 낮다. 공중으로 날아드는 황사黃沙만이 문제가 아니렷다. 도도히 흘러드는 강물도 서해에 큰 영향을 미친다. 무시무시한 중국이다. 망연자실茫然自失, 멍하니 정신을 잃는다. 13억 중국인이 동시에 오줌을 누면 양쯔 강이 넘칠 것이라고 하는 농담이 있더니만…….

바다의 부피는 약 13억 7천만 세제곱킬로미터이며, 지구의 모든 물 중 98퍼센트가 바닷물이다. 나머지 2퍼센트의 물은 육지와 대기 중의 물이며, 이 중 빙하氷河가 1.84퍼센트, 지하수가 0.4퍼센트, 호수와 강이 0.04퍼센트, 대기 중의 수증기가 0.001퍼센트이다. 호수와 강물을 모두 합쳐 0.04퍼센트만이 먹는 물이다!? 그것으로 60억 인구가 먹고, 마시고, 씻고, 농사짓고…, 하여 물이 태부족이라는 말이 나올 만도 하다. 그러므로 중동 등지에서는 무궁무진無窮無盡한 바닷물에서 소금기를 송두리째 빼 버리는 탈염脫鹽 처리를 하여 쓰고 있다. 그런데 짭짜름한 소금기를 제거하는 과정에 돈이 엄청나게 많이 든다고 한다. 아무리 생각해도 참 묘하다. 짐승에게도 "뿔과 이빨을 다 주지 않는다."고 사향노루나 고라니는 엄니가 발달한 대신 뿔角이 없고 사슴이나 노루는 엄니 대신 뿔이 있다. 다 보상 작용인 것! 중동의 사막에는 물이 없는 대신 기름이 많다. 죽으라는 법은 없다더니만. 그러므로 금수강산錦繡江山이라 일컬어지는 우리나라에 기름이 나지 않는 것은 당연지사가 아닌가. 가난해야 진리에 가까운 것이라고 한다. 모름지기 맑은 가난, 청빈淸貧해야 행복한 것! 물도 아낄 것이다.

바닷물의 특성

　분명 바다는 생명의 모태母胎라고 누차 강조하였다. 그렇다면 바닷물은 생명을 담은 양수羊水, 모래집물가 아니고 무엇인가. 바다는 낮고 깊기에 모든 강물을 품어 담으며, 드넓기가 말할 수 없기에 무한정 받아들인다. 상선약수上善若水라, 최고의 선은 물과 같은 것! 노자는 이렇게 이르며 물을 이 세상에서 으뜸가는 선의 표본으로 여겼다. 앞서 간 물을 뒤따르는 물이 잡을 수 없다. 세월은 되돌릴 수 없는 법. 세차게 흘러가던 강물이 바다 가까이에 이르면 천천히 흐르듯 나 또한 인천 바다 가까운 강화도 어귀에 온 물처럼 행보行步가 느려지는구나. 머지않아 바다라는 '무덤'에 안겨야 할 처지라 그렇다. 짧은 삶에 긴 여운을 남기는 삶을 살아야 하는데. 유시유종有始有終, 시작이 있었으니 어찌 끝이 없을 수 있겠는가. 애통하도다, 무시무종無始無終인 것을….

바다는 어림잡아 지구 표면地表의 4분의 3을 차지하며, 그 공간을 채우고 있는 물을 바닷물이라고 부른다. 바다는 해양海洋이라고도 하며, 면적으로 따지면 무려 3억 6000만 제곱킬로미터나 된다. 그리고 앞에서 간단히 언급하였듯이 바닷물의 짜기염도는 평균 3.5퍼센트(3.1퍼센트~3.8퍼센트)이다. 1리터의 해수에 대략 35그램의 소금(대부분 Na⁺, Cl⁻로 이온화 한 상태임)이 들어 있고 섭씨 영하 2도에서 그 물이 어니까 맹물보다 빙점氷點이 낮다. 강물이 어는 섭씨 0도의 추위에도 바닷물은 얼 생각을 않는다. 또 강물이 드는 곳이나 빙하가 녹는 곳은 염도가 훨씬 낮다. 건조 지대에 자리 잡고 있는 홍해紅海 같은 곳은 해수의 증발도가 대단히 높으며, 와디wādī, 乾川: 비가 올 때만 물이 흐르는 강 외에는 강이 없어서 염분이 평균 3.7~4.1퍼센트로, 페르시아 만灣과 함께 세계에서 가장 염도가 높은 바다이다. 길고 짧은 것이 있듯 바다의 짜기와 싱겁기도 모두 같지 않구나. 남이 나와 같기를 바라지 말라! 모든 이가 다 다른 DNA를 가지고 있더라. 참고로 3.5퍼센트를 35퍼밀로 표시하는 경우도 있으니, 퍼센트는 100을 기준으로 한다면 퍼밀은 1000을 기준으로 삼은 것이다. 더 보태면 1센티미터는 1미터의 100분의 1이며, 1밀리미터는 1000분의 1인 것.

흔히 '소리의 속도음속'를 구하는 공식을 '331+0.6t(t=온도)'

로 표시하는데, 예를 들어 상온인 섭씨 15도인 경우, 공기 중에서 소리의 속도는 1초에 340m/s미터퍼섹인 것이다. 그렇다면 바닷 속에서 소리의 속도는? 1500m/s으로 무척 빠르다. 알다시피 기체, 액체, 고체의 순서로 소리의 전달 속도가 빠르다. 보통 물속에서는 공기 중에서보다 속도가 4배 빠르고, 기차 레일에 귀를 대 보면 저 멀리서 기차 오는 소리가 들리지 않던가. 그리고 물속에서는 보통 물체가 25퍼센트 정도 크고 가깝게 보인다.

민물淡水, freshwater의 염분 농도는 0.05퍼센트0.5퍼밀이다. 담수의 '淡'은 '묽고 싱겁다'는 뜻이고, 민물의 '민'은 '없다'는 뜻이니 결국 소금이 없다는 의미지만 전혀 소금이 없는 것은 아니다. 우리가 먹는 음식물에 염분이 들어 있고(라면, 죽염 등) 김장 배추를 소금에 절일 때도 통소금을 그리도 많이 쓰지 않는가? 그것이 하수구를 타고 강으로 쉴 없이 흘러드니 어찌 민물에 소금이 전연 없다 하겠는가? 게다가 매일 펑펑 쏟아 내는 소변이나 대변의 염분도 함께 들어간다. 바닷물에 든 소금의 성분은 아주 다양해서 Cl^-염소이온 55퍼센트, Na^+나트륨이온 30.6퍼센트, SO_2^{-4}황산이온 7.7퍼센트, Mg^{2+}마그네슘이온 3.7퍼센트, Ca^{2+}칼슘이온 1.2퍼센트, K^+칼륨이온 1.1퍼센트, 기타 0.7퍼센트이다.

바다에 표류하는 사람은 자신과의 광기狂氣어린 고독한 싸움을 열째게 버린다. 실낱같은 희망에 목이 타들어간다. 물, 물,

온 사방에 물이건만 마실 물은 한 방울도 없구나. 이렇게 바닷물을 마시면 안 된다는 것을 잘 알고 있건만 그 유혹을 뿌리치기가 어렵다. 어쩔 수 없이 소금물을 들이켠다면 어떤 일이 벌어질까? 한번 마시고 나면 갈증을 더 느껴서 더 많은 소금물을 들이켜게 된다. 결국 몸 안의 소금 농도가 높아지면 콩팥이 그것을 알아차리고 소변으로 염분을 배출하는데, 마신 물보다 더 많은 물을 내보내기에 탈수 상태가 되어 심하면 목숨을 잃는다. "소금 먹은 놈이 물켠다."라거나 "물이 물켠다.", "소금 먹은 쥐처럼 물로 내닫는다."는 말이 여기에서 나왔다. 결국 세포에서 물이 빠지면서 짙은 염분 농도가 세포를 다치게 할 정도로 증가하고, 신경 흥분 전달도 제대로 일어나지 못해 심한 발작을 일으키면서 심장 박동 이상으로 생명을 잃는다. 과유불급過猶不及 아닌 것이 없으니 소금 또한 많아도 탈, 적어도 탈이다! 부처는 "매사에 집착하지 말라, 집착은 바닷물 마시기와 같다."고 하였다. 집착은 집착을 낳는다!

물을 아끼느라 바닷물과 빗물을 2대 3으로 섞어서 70일 동안 마셨는데도 아무 탈이 없었다는 기록도 있다. 요즘 배에는 급하면 바닷물을 탈염하여 마실 물을 뽑아낼 수 있는 장치가 되어 있다고 한다. 참 좋은 세상이다.

밀물과 썰물

밀물이 있으면 썰물이 있고, 낮이 있으면 밤이 있게 마련이다. 참고 견뎌라, 밀물은 들고야 만다. 쥐구멍에도 해 들 날 있다! 삶이란 행복과 불행, 기쁨과 슬픔, 행운과 고난의 연속 드라마인 것을…. 그런데 말이다, 세월은 사람을 기다리지 않고 제 맘대로 내뺀다. "Time and tide waits for no man!" 영어사전에서는 'tide'를 조석潮汐 즉, "달과 태양 등 천체의 인력 작용으로 해면이 1일 2회 주기적으로 오르내리는 현상을 말한다." 라고 한다. 달이 있는 동안은 그 또한 영원할 것이다.

철강왕鋼鐵王 카네기Andrew Carnegie의 사무실 한 벽에는 낡고 커다란 그림 하나가 일생 동안 걸려 있었다고 한다. 커다란 나룻배 하나와 배를 젓는 노가 썰물에 밀려와 모래사장에 아무렇게나 던져져 있는 풍경으로, 무척 절망스럽고 처절하게까지 보이는 그림이었다고 한다. 그런데 그 그림 밑에는 "반드시 밀물 때가 온다."라는 글귀가 씌어 있었다고 한다. 힘든 오르막이 있으면 편한 내리막이 있는 법. 옳거니, 그래서 펄 벅Pearl Buck 여사는 "용기는 절망에서 생긴다."고 했겠다.

밀고 들어오는 밀물flow tide 탓에 해수면海水面이 가장 높을 때를 '만조滿潮, high water' 또는 '찬물 때', '밀물'이라 하고, 밀려 나가는 썰물ebb tide로 바다 표면이 가장 낮을 때를 '간조干潮, low water' 또는 '간물 때', '썰물'이라 한다. 간조와 만조를 간만干滿이라 하는데 간만은 하루에 각각 2회로 12시간 25분마다 일어나며, 따라서 매일 50분가량씩 늦어진다. 간조와 만조 사이 해수면의 높이 차를 간만의 차潮差라 하며 간만의 차도 계속 변화한다. 달이 차는 보름날이나 이지러지는 그믐날에는 태양과 지구, 달이 같은 선 위에 놓여 태양의 조석력과 달의 조석력이 합쳐지므로 이 시기의 만조를 대조大潮, 사리, 큰사리, 한사리라 한다. 또 반달 때에는 태양과 달이 지구를 중심으로 90도 위치에 놓여 조석력이 상쇄되니 이때를 소조小潮, 조금, 작은사리라고 한다. 하여 갯마을에서는 하루 4번의 간조와 만조(대략 6시간씩인 2번의 간조와 만조) 시간을 알리는 '물때표조석표'를 신문에 실어 소중히 여기고 참고한다. 보름달을 만월滿月, 망월, 옹근달이라 부르며, 그믐달을 누군가는 "하늘 한편에는 요부妖婦의 눈썹같이 이지러진 그믐달이 아직도 처염悽艶, 처절하게 아름다움한 맵시로 싸느랗게 귀기鬼氣를 뿜으며 매섭게 걸려 있다."고 했다.

　달의 인력 탓에 바닷물이 빠져나가면 어느새 흙살을 드러내는 모양이 신비롭다. 바다가 요술妖術을 부린다. 드디어 코빼기도 안 보이고 숨죽여 있던 산 물건들이 여기저기서 나타나 활기찬 장거리로 변한다. '장돌뱅이' 들이 기웃기웃, 시끌시끌하고, 벅적거리기 시작하니 저잣거리가 따로 없다. 난장亂場이다. 반나절을 굶었으니 눈에 뵈는 것이 없다. 먹고 먹히고, 잡고 쫓기고…, 야단법석野壇法席이다. 그러다가 이내 곧 갯물이 들기 시작하면 모두가 쥐구멍을 찾는다. 물이란 이렇게 무서운 것일까? 밀물과 썰물이 교대하는 조간대의 생물상生物相은 이렇듯 쉼과 움직임이 끊임없이 바뀐다. 이 또한 이리저리 떠돎이요, 끊임없는 변천이다. "판타 레이panta rhei!" 만물은 유전流轉한다. "같은(흐르는) 강물에 두 번 들어갈 수 없다!", 헤라클레이토스Heracleitos가 한 말들이다. 끊임없이 변화하라!

흙이란?

흙은 영어로 'earth'나 'soil'인데, 정관사 없이 쓰는 'earth'는 하늘에 반해서 땅이라는 말이니 곧 흙이고, 정관사를 붙인 'The Earth'는 지구이다. 한편 'soil'에는 흙의 질을 말하는 토양이라는 뜻이 있는데, 진흙은 'mud'라고 하고 찰흙은 clay'라고 한다. 진흙개흙을 이야기하기 전에 농사짓고 집 짓는 데 쓰는 보통 흙 이야기를 아주 조금만 하고 넘어가자. 이 흙soil이 흘러 내려가 개흙이 되는 것이니, 육지의 흙은 '개흙의 어머니'인 셈이다. 흙의 다른 말은 땅, 토양土壤, 대지大地다. 한자의 '土'는 지평선 위에 풀과 나무가 자라고 있는 상태를 표현한 상형 문자이며 '壤'은 덩어리지지 않은 부드러운 흙을 말한다. 영어 'soil'은 고대 프랑스 어와 라틴 어의 'solum'이라는 단어에서 유래된 것으로서 바닥 또는 지면의 뜻을 지니고 있다고 한다. 이러한 바닥이나 지면에 해당하는 것이 곧 암석이 풍화된 상층 부분의 흙이다. 흙은 사람은 말할 필요가 없고 여러 동식물이 살아가는 생활 터전이며, 이들이 생명을 유지하는 데 필요한 물과 양분을 저장하고 공급하는 일도 한다. 두말하면 잔소리다.

박형준 시인은 흙을 다음과 같이 읽는다.

아이들이 걸음마를 배우고 세계로 나아가 제일 먼저 하는 것은 흙
장난이리라
생각해 보라, 우리는 어려서 모두 흙강아지라 불리지 않았던가
흙에는 달의 샘이 숨어 있나 보다
흙을 만지고 놀다가 상처라도 나면 할머니는 자기 손이 약손이라
며 흙 한 줌을 훌훌 뿌려주곤 했지
흙 흙 흙 하고 불러 보면 그 이름 속에서 말간 달의 눈물로 생명을
씻겨 내는 두레박이 딸려 온다

틀림없다. 시인들은 별종임이 분명하다. 우리 같은 얼간이가 보면 말 같지 않은 말들을 늘어놓았는데도 꽃다운 감동을 잉태하니 말이다.

건강한 흙이라야 식물을 잘 자라게 도와주고, 물과 공기의 질을 도맡아 보호한다. 하여, 동물과 사람의 건강을 보장한다. 흙의 생리적 구조와 화학적 구성, 그리고 그 속에 살고 있는 토

양 생물들이 이런 흙의 성질을 결정한다. 흙은 생산자(녹색 식물)를 키우기에 흙을 먹지 않고 사는 생물은 어디에도 없나니⋯. 우리도 '흙을 먹고 살기에' 흙이 건강하여야 사람이 건강할 수 있다. 또 거기에서 태어난 생물 치고 다시 그리로 돌아가지 않는 것이 없다! 흙에서 와 흙으로 되돌아간다. 회향回向한다!

다음은 작토作土라고도 하는 표토表土 이야기다. 표토란 말 그대로 얕게는 5센티미터, 깊게는 20센티미터의 '겉흙'을 말하고, 유기물과 미생물이 가장 많이 들어 있어서 건(기름진) 땅이다. 그 바로 아래층 심토心土에는 식물의 굵은 뿌리가 뚫고 들고, 심토 아래 암반巖盤은 생물의 활동과 무관하다 하겠다. 빗물에 잇따라 씻겨 나가는 겉흙의 양은 어림잡아 세계적으로 한 해에 250억 톤이 될 것으로 추정한다. 침식浸蝕된 흙은 어디로 가는가!? 홍수가 지면 강은 온통 흙탕물이 되고, 그것은 흘러 또 흘러 바다로 간다. 중국에서 날아온 흙비도 한몫을 할까?

그리고 지름이 0.004밀리미터 이하인 미세한 흙 입자를 점토粘土, 입자 지름이 0.002~0.02밀리미터인 토양 입자를 미사微砂라 하고, 2~0.02밀리미터 사이의 암석 조각과 광석 조각을 통틀어 모래砂라 한다. 또 2~0.2밀리미터까지의 모래를 조사粗砂, 0.2~0.02밀리미터 사이의 모래를 세사細砂라고 한다. 이런 것도 일일이 따지는 사람들이 있구나!

갯벌과 개펄

바다는 맑은 물, 구정물 어느 것 하나 차별 않고 아무것이
나 다 받아들인다. 우리도 저 바다 닮아 가리지 말고 어느 누구
나 보듬어 주는 사람이 되자구나. 바다는 어떤 것도 곪고 썩게
내버려 두지 않는다. 제가 나서 썩힌다. 정화淨化라는 것이다.
부디 애써 받는 것에 정신 팔지 말고 미련 없이 주는 것에 힘을
쏟을지어다. 나누면 나눌수록 늘어나고 부풀어지는 법. 바다에
서 만난 사람은 모두 바다를 사랑하는 사람들이다. 그렇지 않은
가? 바다에 머물다 돌아올 때는 발자국 말고는 아무것도 남기
지 말아야 한다. 인생을 살다가 가는 사람이 무얼 남기던가? 유
전 인자만 남길 뿐.

바다는 어부의 논이요, 밭이다. 갯일을 해 먹고사는 텃밭이
다. 여기서 '갯벌'과 '개펄'은 어떻게 다른가. 갯벌은 바닷가에
펼쳐진 넓은 바다 벌판(들판)인 것이고, 개펄은 갯벌을 덮고 있는

흙(펄, mud)을 말한다. 소위 말하는 '개흙'으로 흔히 '감탕'이라 부르기도 한다. 우리가 흔히 조개를 물에 담가 흙을 뱉어 내게 하는 것을 해감한다고 하는데 여기서 '해감'은 다름 아닌 모래나 진흙 같은 것을 말하며, 금속 활자가 주형鑄型을 뜰 때도 '해감 모래'를 쓰니 그 또한 뻘흙이다. 개펄은 수많은 동물들, 예를 들어 게, 조개, 고둥, 갯지렁이들의 집이 되며, 돼지나 코끼리들은 몸을 식히거나 강한 태양을 막아 내기 위해 진구렁에서 목욕을 한다. 어디 그뿐인가. 진흙이 피부를 가꾸는 데 효과가 있는 것으로 믿고 있는 여성들에게 머드팩이 화장품으로 사랑을 받고, 수영복만 입고 진흙탕에 마구 뒹굴며 진흙 바르기를 하기도 한다. 우리나라에서도 '보령 머드축제'가 해마다 열리고 있지 않는가.

갯벌은 갯가의 넓고 평평하게 생긴 땅을 말하며, 일반적으로는 조류潮流가 퍼 나른 점토나 실트 같은 미세 입자가 파랑의 작용을 적게 받는 잔잔한 해안에 오래오래 쌓여서 생긴다. 로마가 하루아침에 이루어지지 않았듯이 갯벌 또한 긴 세월이 만든 작품이다. 그 '세월'을 두려워 않고 마구 파헤치려 드는 '동물'은 그 누구냐? 무위자연無爲自然이라, 인위人爲, 자연의 힘이 아닌 사람의 힘으로 이루어지는 일를 부정하는 노장사상老莊思想의 근본 개념이 아니던가.

밀물과 썰물 때 바닷물의 흐름을 조류라 한다. 밤낮 구별 없이 한나절은 땅이 되었다가 반날은 바다가 되는 아주 특이한 환경을 가진 곳이 바로 갯벌이요, 이렇게 해수가 들락거리는 곳을 조간대潮間帶라 한다. 즉, 만조 때의 해안선海岸線과 간조 때의 해안선 사이를 말하며, 육지와 바다에 있어서 인간의 피부에 해당하는 민감한 곳이라 할 수 있다. 때문에 인위적인 간척 따위로 다치게 하면 생태계에 심각한 영향을 끼친다. 거기는 개흙만 있는 곳이 아니다. 수많은 저서생물底棲生物의 삶터다. 이 글을 쓰는 이의 화두話頭가 있으니, "하필이면 너는 왜 거기에 사느냐?"라는 것이다. 이 드넓은 세상에 어쩌자고 질퍽질퍽한 개펄에 산담? 남 걱정할 처지가 못 된다. 나는 어찌하여 태어나 여기저기 돌고 돌다가 기어코 춘천春川 한 구석에, 하물며 외딴 후평동에 둥지를 틀고 이 글을 쓰고 있으니….

조간대를 연안대沿岸帶라고도 하는데, 만조 때는 바닷물에 잠기고 간조 때는 공기에 드러나고, 한낮에는 덥고 밤이 오면 춥고, 겨울이면 얼어붙고 여름이면 지글지글 타니 생물들이 살기에는 혹독한 곳이다. 그리고 개펄은 종종 철새들에게 매우 중요한 터이고, 해안 침식을 막는 데에도 중요하다.

갯벌은 바닷가 습지濕地를 말하며, 간석지干潟地라 부르기도 한다. 그리고 주로 진흙인 개펄은 크고 작은 물굽이, 석호潟湖, 한자 潟은 '개펄' 이라는 뜻, 강어귀들에서 볼 수 있다. 여기서 석호란 강원도의 화진포처럼 해류, 조류, 강물 등의 작용으로 운반된 토사土砂가 바다의 일부를 막거나 해안 가까이에서 바람이 모래를 운반하여 둑이 만들어지면서 바다와 분리된 곳을 말하는데, 지하에서 해수가 섞여 들거나 바다와 연결되어 염분 농도가 높은 기수호汽水湖로서 이를 담염호淡鹽湖라 부르기도 한다. 이런 곳은 유기물이 넘치고, 따라서 플랑크톤이 풍부해 부영양인 경우가 많다. 지질학에서 개펄은 노출된 진흙층으로 침적토沈積土, 점토이며 바다 생물의 분해물이 쌓여 만들어진 것으로 본다.

갯벌을 흔히 '자연의 콩팥' 이라 부른다. 콩팥은 몸에 생긴 노폐물을 걸러 밖으로 내다 버리는 일을 하지 않는가. 콩팥을 구성하는 기본 단위는 네프론nephron이다. 즉 네프론 200여 만 개가 모여 콩팥이 된다. 갯벌 여기저기에 까맣게 기어 다니는 저게가 네프론이다. 갯벌이 썩지 않고 숨 쉬는 것은 실은 모두 저 수많은 게들이 판 구멍 덕이다. 그리로 공기가 들어가 유기물을 썩히니 말이다. 어디 그 뿐인가. 유기물을 먹어 분해하는 반지락, 동죽, 돌에 붙어 사는 따개비, 굴, 그리고 역시 땅굴을 파는 갯지렁이들이 모두 네프론이다. 우리는 갯벌의 수많은 '네프론' 들을 앞으로 볼 것이다. 갯지렁이 500마리가 하루에 한 사람이 쏟아 내는 정도의 배설물을 분해, 정화시킨다고 한다. 갯벌에 있는 생물치고 갯벌을 깨끗이 청소하지 않는 것이 없다. 늘 말하지만 필요 없이 거기에 살고 있는 것은 하나도 없다. 퉁퉁마디 같은 염생식물, 세균 등의 미생물도 자정 능력이 뛰어나다. 갯벌 1제곱킬로미터 안에 사는 미생물들의 분해 능력은 하수 처리장 한 곳의 배설물 처리 능력과 비슷하다 하지 않는가. 게다가 '갯벌의 청소부'라는 갯강구, 게, 고둥 등은 죽은 시체를 치워 유기물을 무기물로 전환시키니 이 또한 네프론이다. 강물이 운반하고 여러 갯벌 생물들이 분해한다. 이렇게 썩히고 분해하는 냄새가 바로 비릿하고 쾌쾌한 바다 냄새 아니겠는가!

사람 잡는 갯골

바닷가에서 자라지 않은 나그네에게 바다의 들머리인 질퍽한 진흙은 참 눈에 설고 행동하기 서투를 수밖에 없는 곳이다. 누구나 처음 가는 길은 서투르듯이 쌀쌀맞은 바닷가의 길도 여간 두렵지 않다. 곤죽인 인생길도 다들 가 본 적 없는 초행길이라, 어디 견주어 볼 곳도 없으매 그렇게 어렵고 힘들다. 그러나 괴롭고 고생스런 간난艱難도 장점이 있나니, 안정된 환경에서 살고 있는 생물은 바뀜, 변화가 없는 법이다. 어려운 환경에 놓이면 그것을 극복하고 적응하기 위해 무진 애를 쓰게 되는 것이고, 그러면서 변화와 상향上向을 일구어 낸다. 변화가 곧 진화 아니던가. 춥고 굶주려 고생을 하면 착한 마음이 깃들고, 배부르고 따뜻하면 음욕淫慾만 생기는 법. 절대로 산삼山蔘은 길가에 있지 않다. 쉽게 오는 것은 쉽게 간다, "easy come, easy go!" 쉽게 얻은 것은 쉽게 잃고, 힘들이지 않고 쉽게 이룬 것은 빨리 사라지고 만다. 영웅은 누구나 실패와 고통을 먹고 자라며, 젊음은 실패의 계절이다. 불은 쇠를 단련시키고 역경은 사람을 야물게 한다.

그건 그렇고, 산이나 바다에 서투른 사람은 꼭 사고가 난다. 오랜만에 외가外家에 왔다가 다치거나 큰일이 벌어지는 것은 다반사茶飯事다. 물론 무르팍까지 오는 장화를 신었지만 처음 보는 진펄(땅이 질어 질퍽질퍽한 펄)을 뚜벅뚜벅 걸어 들어가다가 수렁(곤죽이 된 진흙과 개흙이 물과 섞여 많이 괸 웅덩이)에 빠지면 그야말로 '빼도 박도' 못하는 신세가 되고 만다. 두 다리가 덜미 잡히면 체중이 밑을 짓눌러 자꾸 아래로 밀려 들어가

옴짝달싹 못한다. 밀물 시간에 걸렸으니 세찬 바닷물이 집어삼킬 듯 서 슴없이 몰려온다. 어쩌지? 옆에 있던 친구도 같은 처지에 놓였으니 당황 하게 된다. 급할수록 머리를 써야 한다! 간단한 물리 상식이 그대의 목숨 을 구해 주리라. 그렇다, 개흙에 푹 박힌 발을 바로 빼려 들지 말고 두 팔 을 쫙 벌리고 개펄 바닥에 납작 드러눕다시피 하여 두 다리를 뽑아 보라. 조금만 힘을 줘도 다리가 쑤욱 빠진다! 이제는 두 다리로 걸을 생각 말고 (또 빠질 터이니) 네 발로 엉금엉금 기어서 뻘밭을 빠져나가야 한다. 체중 을 둘에서 넷으로 분산시켜야 한다는 것으로, 쉽게 말하면 개펄에서는 모름지기 투박한 '망둑어'가 되어야 한다. 로마에 가면 로마법을 따르라 했듯이 개펄에서는 펄을 뒤집어쓴 볼품없는 망둑어를 닮아라!

다음은 갯고랑에서 생기는 처참한 사건이다. 이 갯고랑은 첫 물이 들고 나중 물이 나는, 드나드는 물길이다. 때로는 조개잡이, 게잡이에 온 통 정신을 빼앗겨 시간 가는 줄을 모른다. 어느새 서붓서붓 에돌아 갯고 랑을 올라온 물길에 포위되어 어쩔 수 없이 희생되는 수가 있으니 꼭 조 심해야 한다. 갯고랑은 해안가의 것은 그리 깊지 않아 건너뛸 수도 있지 만 바다 쪽으로 갈수록 사람 키를 넘을 만큼 깊어지고 넓어져서 '샛강' 을 이룬다. 그리고 그것이 꾸불꾸불 센 물살로 흐르는지라 눈 깜짝할 사 이에 둘러싸여 오도가도 못하는 황망慌忙한 신세가 된다. 그러므로 갯벌 에 들어가기 전에는 만조 시간을 정확하게 알아 두어야 한다. 산이나 바 다나 인생길이나 한 치의 소홀함 없이 숭엄崇嚴하게 맞고 대할지어다. 바다에 사는 사람들은 밀물 썰물 시간을 기막히게 외우고 있을뿐더러 육감六感으로도 밀물 시간을 꿰뚫고 있고, 늘 들목 날목도 머리에 그려 놓았다. 처음 지나 본 길이 아니었던 탓이다.

뉴질랜드와 호주의 바다는 우리와 정반대

바닷가에는 주로 진흙이 쌓이는 갯벌과 모래가 겹겹이 모이는 모래사장이 생기는데, 왜 어떤 곳에는 모래만 모이고 또 다른 곳에는 진흙이 덮이는 것일까? 물의 흐름이나 바다의 깊이, 파도와 관련이 있을 것이다. 우리나라도 바닷물의 깊이가 깊어 간만의 차이가 거의 없거나 적은 동해안에는 바닷가에 국한하여 모래밭이 생겨나고, 바다가 깊지 않아 간만의 차이가 크고 물이 빠져나가는 간조에는 멀리까지 평평하고 넓은 들판이 생겨나는 남해안이나 서해안은 특수한 곳을 제외하고는 대부분 개펄이 덮는다.

그런데 세상에 이런 일이? 남반부인 호주나 뉴질랜드를 여행한 사람들은 깜짝 놀랄 경험을 하였을 것이다. 사실 그곳은 아기자기한 맛이 없지만 그래도 가 보지 못한 곳에 대한 동경과 호기심을 충족시킨다. 처음 가 본 곳은 언제나 새롭다. 몸이 너무 빨리 달려 영혼이 따라올 시간을 주기 위해 쉬어 주는 것이 여행 아니겠는가. 여행은 넋을 살찌게 하고 관광은 눈을 즐겁게 해 주는 것. 그곳 바닷가 언덕배기, 멀리 바라다볼 수 있는 전망대에 관광버스를 대고 바다 구경을 하란다. 당연히 동해안 낙산사落山寺의 의상대義湘臺를 들먹거릴 필요 없이 우리나라 동해안 아무데서나 볼 수 있는 풍광이다. 그런데 푸른 바닷물이 출렁대는, 하늘 끝과 바다 끝을 마치 풀로 붙여 실로 꿰매 놓은 듯 달라붙어 고즈넉한 수평선이 멀찌감치 걸려 있는 그곳이 서해안이었다! 끝물인 석양빛이 더 따갑다 하던가. 해가 뉘엿뉘엿 수평선 아래로 지고 있었으니, 놀라 자빠진다는 말은 이럴 때 쓰는 것이리라. 뒤틀렸다고나 할까. 뒤바뀐 느낌에 한참을 멍하니…. 반대로 뻘로 뒤덮인 넓은 갯벌이 펼쳐진 곳은 동해안이었다. 놀랍게도 우리나라와 반대라는 것! 깜짝 놀라 지도를 다시 들여다본다. 분명히 서쪽 바다가 우리나라 동해안의 그 바다다! 누구에게 물어봐도 그 까닭을 아는 사람이 없다. 필자는 여태껏 그 수수께끼를 풀지 못하고 있다. 계절도 정반대라 우리가 겨울이면 거긴 여름, 봄이면 가을인 것이 무슨 연관이 있을까?

갯벌의 유형

갯벌은 큰 강의 끝자락이나 강물이 바다로 흘러 들어가는 어귀하구, 河口에 형성된다. 갯벌의 개펄은 거의 다 강이 싹쓸이해 가서 만들어진 것이다. 그러므로 강물이 어느 것을 더 많이 물고 왔는가에 따라 크게 셋으로 나눈다. 첫째, 모래갯벌간사지의 바닥은 알갱이의 평균 크기가 0.2~0.7밀리미터 정도인 모래로 되어 있으며, 유기물 함량은 1~2퍼센트이고, 미사와 점토는 4퍼센트로 적은 편이다. 둘째, 펄갯벌간석지은 모래가 차지하는 비율이 10퍼센트 이하이고 펄 함량이 90퍼센트 이상에 달하는 것을 말하는데, 매우 질퍽하고 갯벌의 깊이가 깊다. 셋째, 모래펄갯벌은 혼성 갯벌이라고도 하는데, 모래와 펄이 섞여 있어 펄이 더 많으면 모래펄갯벌, 모래가 더 많으면 펄모래갯벌이라 부른다. 더 말할 나위 없이 토성土性, 토질土質이 다른 이들 갯벌에 사는 생물상은 갯벌의 종류에 따라 판이하게 다를 수밖에 없다.

모래갯벌에는 조개 무리가 주로 산다면 펄갯벌에는 갯지렁이 무리가 우점종優占種이고, 바닷가 암석에는 굴, 홍합, 총알고둥, 따개비 따위에다 해조류바다풀들이 자생한다. 참고로 식물을 이야기할 때는 '자생自生'이라 쓰고 동물이 사는 것은 '서식棲息'이라 써야 옳다.

갯벌에서 흔하게 보는 것이 있으니 '갯골'이다. 갯골은 '갯고랑'의 줄임말로 하나의 갯벌 물길로 밀물과 썰물이 나들이하면서 점점 깊어지게 된다. 결국 물이 이곳을 따라 드나들게 되니 갯벌에 나 있는 작은 계곡이라 생각하시면 된다. 그랜드 캐니언의 축소판이라 할까? 구불구불하고 움푹 파인 물길에 발을 들여놓았다가 어느새 사방팔방 물이 차고 넘쳐 빠져나갈 수가 없어서 그만 익사하기도 한다. 조개잡이에 정신이 팔리거나 갯벌의 생태와 물길의 의미를 잘 모르는 초행길인 사람은 갯골에 빠지는 수가 더러 있다. 바다나 산을 시답지 않게 여겨선 안 된다. 자연은 살갑게 우리를 맞이하다가도 어느새 엉뚱하게 큰 화를 내기도 하니 말이다.

그런데 한때 갯벌을 쓸모없는 것으로 여겨 섣불리 좁은 국토를 넓히겠다고 간척 사업을 세차게 밀어붙인 적이 있다. 바다를 흙으로 메워 농토를 넓혀 들어가 땅덩어리를 넓히겠다는 발상이었다. 바보가 따로 없다. 그러나 그때는 그랬다. 먹을 양식이 모자라서 굶는 사람이 태반이고, 비싼 곡식을 외국에서 사다 먹을 때라서 그랬던 것이다. 시습時習에 따르라고 했지만, "바쁠수록 천천히 가야 한다."고도 했다. 암튼 먹고살기 힘든 그때는 그것이 정의요, 참이었다. 위선僞善적인 구구한 변명으로 얼버무리자는 것이 아니다. 어쩌겠는가, 지금도 공항을 건설한다거나 신도시를 만든다고 하여 일부 갯벌은 훼손당하고 있다.

이 무렵에 또 다른 일이 있었으니, 호수를 놀고 있는 곳으로 여기고 거기에 물고기를 키워 먹겠다고 외래종을 이것저것 갖다 넣었다. 블루길, 배스 같은 물고기가 그것이다. 결국 이리하여 갯벌은 꽤나 망가졌고, 호수나 강에서 재래종들이 사라지는 불행을 겪게 되고 말았다. 대신 더는 그래서 안 된다는 것을 절절히 깨닫게 되었다. 꾸지람을 톡톡히 들을 일을 했지만 그래도 그만하기 다행이라 생각한다. 외려 늦다 생각할 때가 빠른 때라지 않는가. 갯벌도 다 필요하여 생겨난 것. 자연은 타박하지 말고 있는 그대로 둔다. 배부른 소리가 아니다. 고깝게 듣지 말라. 그것이 자연에 대한 최소한의 예의다!

갯벌은 어떤 일을 할까?

갯벌이 어떤 기능을 하고 또 그 가치가 얼마나 크기에 그것을 굳이 보존해야 한다고 저렇게 야단법석을 떨까? 날선 질문에 그 기능을 아주 간단히 답한다. 내로라하는 전문가의 시시콜콜한 답은 나중으로 미루고….

● **자연의 정화조** 강물에 실려 온 갖가지 오염 물질을 분해한다. 장마철 강물에 녹아 흘러내리는 저 많은 농약, 제초제, 비료, 소와 돼지의 똥오줌에다 수채로 흘러든 인간들이 버린 오물과 쓰레기들을 갯벌은 붙든다. 육지에 문제가 생기면 바다도 성치 못하다. 저 더러운 것들을 정화시키는 곳이 바로 갯벌이다. 갯벌은 강물이 바닷물과 만나기 전에 차단하여 쓸어 내려오는 턱없이 많은 양의 영양 염류나 오염 물질을 흡수한다. 또 물길을 막아 유속流速을 떨어뜨려 부유 물질을 가라앉히므

로 바다로 드는 것을 줄인다. 결과적으로 아주 훌륭한 차단遮斷, 여과濾過, 정화 기능을 한다.

- **자연재해와 기후 조절** 육상 생태계와 해양 생태계의 사이에 놓여 있어서 스펀지sponge처럼 해안의 침식을 막고 홍수의 피해를 줄이는 완충緩衝 역할을 한다. 또 국지적으로 대기의 온도와 습도를 조절하며, 홍수가 지면 그 물을 받아서 오랫동안 가두는 저장 역할을 하고, 태풍이나 해일이 일면 그것을 흡수, 완화시킨다.

- **생태적 기능** 육지와 바다가 만나는 경계이기에 특이한 생태계를 이루며, 겉으로 보기보다 생물의 종류가 아주 다양하다. 해양 생물들은 갯벌을 서식처와 산란장으로 삼아 생의 일부를 보내고, 철새들은 중간 기착지로 갯벌에 머무르며 먹이를 얻거나 휴식 또는 번식을 한다.

- **높은 경제적 가치** 강물에 쓸려 내려온 영양 염류가 언제나 쌓여 있어서 물고기, 게, 새우, 조개 등 여러 생물들이 살고 있다. 갯벌은 바다의 10배 이상, 농경지의 5배 이상의 생산력을 가진다고 한다. 정녕 모르고 지나치기 쉬운 이야기로다! 옥토沃土가 따로 없다. 그리고 신물질이나 의약품 재료 등이 추출되고 머드팩과 같은 미용 용품 원료로도 쓴다 했다.

- **문화적 역할** 해수욕, 관광 등을 제공하는 휴식 공간으로 활용

할 수 있고, 화가나 사진가, 작가들에게 작품의 소재를 제공하는 공간으로서 문화적 가치가 썩 높다 하겠다.

● **자연 탐구를 위한 교육 장소** 자연 관찰과 탐조探鳥 등을 위한 학습 장이나 학술 연구의 장으로 활용하고 있다.

갯벌을 버려진 땅 정도로 허술하게 여기고 가볍게 취급해서는 안 된다. "도와줄 섶에 방해를 한다."는 말은 도와줘야 할 사람이 되레 해코지한다는 뜻이 아니던가. 아쉽게도 갯벌은 무분별한 개발과 오염으로 멍들어 가고 있다. 생태적 보고이자 정화조 역할을 하는 갯벌은 연안 개발과 국토 확장이라는 미명하에 매립과 간척으로 공업 단지나 농업 및 도시 용지로 탈바꿈하였을 뿐만 아니라 농약, 산업 폐기물과 폐수, 가축 배설물, 생활하수, 쓰레기 등 각종 오염 물질의 야적장野積場이 되어 버렸다. 그 때문에 갯벌에 사는 생물들이 죽어 갈 뿐더러 갯벌 자체도 제 기능을 잃어 가고 있다. 게다가 갯벌의 오염은 바다의 오염을 초래하니, 영양 염류가 갯벌에서 걸러지지 않고 그대로 바다에 마구잡이로 유입되면 부영양화가 되어 적조赤潮를 일으킴으로써 바다에 사는 동물들에게서 산소 공급을 차단해 끝내 막대한 피해를 준다.

갯벌의 중요성은 아무리 강조하여도 부족하다. 알고 보면 우리나라 갯벌을 오직 우리 것이라고만 생각해서는 안 된다. 그것은 지구의 일부라, 결국은 세계인의 것이다. '내 것'이 따로 없이 모두가 '우리 것'이라는 말이다. 갯벌 하나가 해를 입는다면 바로 지구의 일부가 다치는 것이 아니겠는가. '지구의 보존'이라는 입장에서 갯벌을 다루어야 한다. 그래서 현재 90여 나라에서는 '람사협약'에 가입하였다고 한다. 물새의 서식지로 중요한 갯벌과 습지를 보존하기 위한 최초의 협약으로, 가입국은 습지 한 군데를 선택하여 3년마다 그 습지에 대한 보고서를 제출하도록 하고 있다. 갯벌을 가장 잘 보존하는 나라는 독일인데, 갯벌을 국립 공원으로 지정하기까지 한다고 한다. 우리도 좋은 것은 어서 본받아 습지는 물론이고 갯벌도 잘 보호하고 보존해야 할 것이다. 한번 떠나면 다시 오지 않는 것이, 입 밖으로 쏟아 버린 말과 활시위를 떠난 화살촉, 흘러가 버린 세월이라 하지만 망가져 버린 갯벌도 되돌리기 어렵다.

갯마을 사람들을 먹여살리는 갯벌

100여 년 전 서해안의 해안선 길이는 3590킬로미터였으나 지금은 2148킬로미터로 40퍼센트 가까이 짧아졌다고 한다. 그 까닭을 독자들은 잘 알고 있다. 하여 어부의 삶터인 갯벌이 줄어든 것은 두말할 필요가 없고, 잘 보존해야 할 생물의 다양성도 확 줄어 버렸다. 뿐만 아니라 농어촌이 죽어 가고 수천수만 년 바다를 지켜 온 갯벌의 생물들도 사라져 이 땅의 역사도 소멸되고 생명도 소멸되어 간다. 갯벌을 경솔하게 대해 오지는 않았는지 돌아보아야 한다.

농부가 논밭에서 일생을 보내듯이 어부들도 눈만 뜨면 여느 때처럼 갯벌로 달려 나간다. 물이 빠지고 갯벌이 물때에 맞추어 드러나면 조개잡이에 여념이 없다. 삶의 일기를 거기에서 쓴다. 갯살림을 살기 위해 필요한 돈이 거기에 묻혀 있으니 긁고 파기를 멈추지 못한다. 허리가 내 것처럼 느껴지지 않지만 어쩌겠는가. 그러라고 귀한 생명을 받은 그네들이다.

여느 갯마을이나 다 여자들은 갯벌에 나가 조개를 캐고, 남자들은 배를 타고 바다에 나가 고기를 잡으며 살아왔다. "여자가 배에 오르면 부정 탄다."고 하여 여자는 배를 타지 못하였다. 조개와 고기가 밥그릇을 채웠고 집안의 대들보인 자식들의 연필과 공책을 샀으며, 등록금을 대고, 아이들 시집 장가를 보냈고, 손자 옷가지를 사 입혔다. 뭍 세상이나 갯마을이나 할 것 없이 여자들에게는 자질구레한 일이 많다. 갯일 말고도 밭일, 땔감 구하기, 고기와 조개를 팔아 보리와 쌀을 사 오기도 했다. 내 몸 하나 건사하기도 힘들지만 임신, 출산, 자식 키우기 그리고 가사 노동과 갯일까지 마다 않고 꺼려하지 않았다. 어촌 지역에서 남성들은 나이가 들면 일찍 바다 일에 손 떼고 아랫목에 들어앉지만 여자들은 칠십이 넘어서도 갯일을 계속한다. 여성의 신비로움을 여기에서도 본다. 갯일은 젊은이와 늙은이, 배운 사람과 무지렁이, 가진 자와 없는 자를 차별하지 않는다. 당당하게 힘이 지배하는 세상이렷다!

사실 갯벌의 생태, 자연환경을 가장 잘 아는 사람이 바로 갯사람들이다. 제일 귀하게 여기는 원칙이 있으니, 새끼 조개는 절대 잡으면 안 된다는 것. 씨앗 돈이요, 마중물인 것이니. 조개는 곧 그들의 생명줄이다. 갯벌은 다이아몬드 광산보다 더 나은

'생금밭'이다. '생금'이란 광산에서 갓 캐낸 가공하지 않은 원석原石을 뜻한다. 갯벌은 생계 터전이자 '마음의 안식처'로서의 의미와 가치도 있다. 어찌 길을 두고 뫼로 가겠는가. 이 길이 오직 살길이니. 마냥 집에서 이것저것 눌렸던 마음도 마침내 벌판에 나가면 가슴이 툭 트인다. 생조개 잡느라 몇 시간 힘을 쓰고 나면 몸은 뻐근하여도 마음이 가볍다! 억압과 고통을 풀어 버리는 갯벌. 솔씨 하나가 바람에 날려가 싹이 트고, 그 애솔이 자라 자리를 잡은 것이 노목老木이 되듯이, 갯마을 귀퉁이 집에서 태어나 온갖 산전수전山戰水戰에다 몸서리치는 풍상세월風霜歲月 다 지나고 이제 죽음 앞에 선 저 할머니! 가끔은 회한悔恨의 한숨을 쉬며 멍하니 빈 하늘을 쳐다보기도 한다. 늙어도 한결 고상한 품위를 뽐내는 거목巨木 같은 노인이여, 당신은 나이를 먹었어도 추하질 않구려. "추醜도 미美이다."

누가 뭐래도 농부에게 논밭이 그렇듯이, 힘든 삶을 살아온 그녀들에게 뻘밭은 '행복의 공간'이었다. 뻘밭이 삶의 터전일 뿐더러 생명줄에 동반자인걸. 그들은 물고기와 조개에 겸허히 감사하는 마음을 잊지 않는다. 뭇 생명들에게 경외감과 소중함도 느낀다. 어쨌거나 그들을 도와줄 것은 오직 어패魚貝 뿐이지 않는가. 그녀들은 물에서만 배를 타는 것이 아니다. 뻘밭에는 얼싸안는 길라잡이 뻘배가 있다. 발이 푹푹 빠지는 갯벌은 뻘배가 없으면 들어가기 힘들다. 작업장으로 나갈 때나 해산물을 잡아 돌아올 때도 힘을 덜어 준다. 갯장어와 숭어도 들었고, 조개도 게도 든 뻘배! 한 배 가득 실은 할머니 얼굴에는 굵은 주름이 아름다운 선을 이룬다. 무슨 바람이 더 있을까? 한 배 가득 실었으니 지구를 다 실었는데 뭐.

일일부작一日不作 일일불식一日不食, 하루도 빠지지 않고 그들의 논밭이자 삶의 터전인 갯벌에서 일생을 보낸다. 어느 일이나 힘겹게 하고 나면 오금이 저려 오고, 벋정다리가 되어 오그리고 펴지도 못하며 몸 가운데 허리는 아려 온다. 내 다리, 내 허리가 아니다! 힘이 들지만 거기에 보람이 있다. 허허벌판에 거침없이 몰아치는 싸늘한 바닷바람과 한여름 불더위 아래서 펄을 후벼 파고 있는 조개 캐는 아주머니, 이 구멍 저 구멍을 삽질하여 세발낙지 잡는 저 아저씨, 통소금 쑤셔 넣어 맛조개 건져 내는 아낙네들, 저들은 갯벌에 한평생을 묻는다. 눈물겹게도 하나같이 주름지고 반짝반짝한 구릿빛 얼굴에, 구부러진 허리와 소牛껍데기 손바닥을 가졌구나. 세월이 만든 저 푹 파인 굵은 갯골 같은 주름은 선善하고 아름답기 그지없는 복된 금이다. 세월과 맞서 갖은 풍상 다 겪으며 참답게 산 유산이요, 유물이다. 아, 사는 게 힘들다. 한평생이 그리 녹록치 않구나.

청산은 나를 보고 말없이 살라 하고

창공은 나를 보고 티 없이 살라 하네

사랑도 벗어 놓고 미움도 벗어 놓고

물같이 바람같이 살다가 가라 하네.

갯벌의 소금밭에서 피血의 소금을 만든다

한 줌의 '소금꽃'을 피우려면 적어도 바닷물 100바가지는 말려야 한단다. 땀 흘려 소금 얻었더니 땀이 바닷물과 다르지 않은 소금물이라니 참 아이러니하다. 소금밭, 염전鹽田에서 소금을 캐듯이 마음밭, 심전心田에서 '행복의 꽃'을 피운다. 소금 장인鹽夫들은 해 뜨기 전에 염전에 나와 물을 꺾으니, 증발지蒸發池에서 다음 증발지로 물을 옮기는 작업을 "물을 꺾는다."고 한다. 증발지에서 20~25일간 머물며 염도를 높인 바닷물이 결정지에서 비로소 소금으로 거듭나며, 염전에선 바닷물에서 소금이 알알이 맺힐 때 "소금이 온다."고 말한다. 꽃도 가지가지! 알알이 맺힌 소금 알맹이를 꽃이라 부르니 그것이 바로 '소금꽃'이다. 염전에서 나온 소금은 바로 식탁으로 가지 않는다. 공장에서 이물異物을 가려내고 쓴맛 나는 간수苦鹽를 뺀다. 소금은 간수를 많이 뺄수록 좋다. 3년 숙성 천일염은 3년간 간수를 뺐다는 얘기다. 다 시와 때가 있는 법. 봄날 하루 힘들게 일하면 열흘치의 양식을 모으고 봄날 열흘 애써 일하면 반 년치의 양식을 모은다 一日春工十日糧, 十日春工半年糧.

　우리 소금은 세계 최고의 명품으로 인정받는 프랑스의 게랑드Gerande 소금보다 마그네슘 함량이 2.5배 높고 칼슘은 1.5배, 칼륨은 3.6배 높다고들 이구동성異口同聲 입을 모은다. 그리고 세계의 요리사들이 이 명품 소금 맛을 보기 위해 구름처럼 모여온다고 한다. 갯벌의 소중함을 몰랐던 우리, 세계 최고의 소금을 먹는 것은 서해안을 두르고 있는 저 갯벌 덕분이다. 태양 아래 찬연燦然히 빛나는 하얀 '눈꽃' 소금 무더기!

소금의 과학

소금의 한자어인 '塩염' 자는 갯벌(皿)의 흙(土) 위에서 인부 (人)가 사각 결정(口) 소금을 모은다는 뜻인 듯하다. 소금은 절대 로 단순한 염화나트륨이 아니다. 말하자면 미네랄 덩어리다. 어 디 한번 그 구성 물질을 일일이 보자. 염화나트륨 77.76퍼센트, 염화마그네슘 10.88퍼센트, 황화마그네슘 4.74퍼센트, 황화칼 슘 3.60퍼센트, 염화칼륨 2.46퍼센트, 브롬화마그네슘 0.22퍼 센트, 탄산칼슘 0.34퍼센트다. 간단한 소금 결정에 이런 여러 가지 물질이 들어 있었다니!

동물의 몸에서 구체적으로 소금이 하는 생리적인 역할은 무엇일까? 누차 말하지만 소금은 바로 생명 그 자체인 것이다. 소금의 분자식은 NaCl이다. 이것이 물에 용해되면 나트륨이온 은 알칼리성을, 염소이온은 산성을 띠게 된다. 역시 피나 체액 에서도 소금은 반드시 나트륨이온과 염소이온으로 이온화한 다음에 따로 작용한다.

첫째로 세포막을 경계로 하여 나트륨이온은 바깥에, 칼륨이온은 안에 들어 있어서 세포 안팎의 농도를 조절하여 세포의 부피를 일정케 하는 항상성恒常性을 유지하도록 한다. 즉, 나트륨이온은 세포막 대사삼투압 조절를 담당하고 있다. 몸이란 세포가 모인 것이고, 이 세포들이 정상이라야 몸이 건강한 것이다. 혹여 이들 이온이 넘치거나 모자라면 불균형이 생겨나면서 결국 세포 대사에 혼란이 인다. 세포가 제정신이 아니면 어떻게 되겠는가?

둘째로 나트륨이온과 칼륨이온은 신경의 흥분 전달에도 관여한다. 우리의 오관五官과 관계하는 신경 전달 작용을 이것들이 맡아 한다는 말이다. 신경과 관계하는 기관 중 가장 대표적인 것이 심장과 근육이므로 이들 이온에 문제가 생기면 심장, 근육들이 제 기능을 잃고 만다. 바로 이것이 음식으로 소금을 먹는 까닭이다. 염분 대사에 대한 내용이 일반인들에게는 너무 어려워 속속들이 필설筆舌로 다 못함을 이해해 주기 바란다. 아무튼 염분은 옅어서도 안 되지만 짙어도 해롭다! 짜게 먹는다고 마음, 정신까지 짜지는 것이 아니지만, 외려 '싱거운 사람'이 더 멋지다. 그렇지 않은가!?

병원에 입원하면 제일 먼저 다짜고짜로 링거액을 꽂는다.

링거액에 연결된 주사 바늘이 꽂히면 옴짝달싹 못하고 드러눕게 되니 몸을 쉬게 하는 효과도 있다. 링거액은 체액과 같은 이온 조성, 삼투압, pH(7.2)를 갖는 생리적 염류 수용액으로 식염 0.9퍼센트에 포도당이 약 0.2퍼센트 들어 있어 체액의 농도와 아주 비슷하다. 환자에게 염분과 포도당이 얼마나 중요한지를 말해 준다. 대뇌는 대사의 약 70퍼센트 정도를 포도당에 의존하기에 포도당은 특히 뇌 기능에 중요한 몫을 한다.

과학 용어의 발음이 바뀐다는 이야기를 하나 덧붙인다. 어찌된 일인지 링겔액Ringer을 링거액, 알레르기allergy를 알러지, 비루스virus를 바이러스, 미토콘드리아mitochondria를 마이토콘드리아 따위로 혼란스럽게 섞어 쓰고 있다. 이 또한 혼란기에 일어나는 현상으로, 앞의 것은 독일식 발음이고 뒤의 것은 모두 미국식 발음인데, 과학 문화도 농도가 짙은 곳으로 물이 이동하듯 한다. 옛날엔 다 독일식으로 발음했으나 지금은 미국식으로 변해 간다는 이야기다.

우리나라 사람들은 소금기를 너무 많이 섭취한다고 하는데, 과한 염분은 몸에 하나도 좋을 것이 없다. 콩팥이 애를 먹고 심장, 혈관도 죽을 맛이다. 소금을 과하게 먹으면 나트륨이온과 염소이온이 물을 많이 붙잡아서 피나 조직의 체액이 증가하여 결국 혈압이 올라간다. 그래서 고혈압에 먹는 약의 대부분이 핏

속의 염분을 소변으로 걸러 내는 이뇨제利尿劑로, 곧바로 나트륨을 걸러 내어 물을 몸 밖으로 끌어내는 것이다. 소금은 물을 물고 다닌다. 물론 이뇨제 중에는 다른 효소의 기능을 억제하는 것도 있다. 염분이 부족해도 탈이지만 너무 짜게 먹어 좋을 것이 없다.

소금을 많이 먹어 몸에 물이 고이는 것은 그렇다 치고, 못 먹어 몸이 부석부석 부어오르는 부종浮腫은 무엇인가. 짧게 말해서 몸에 단백질이 부족한 탓이다. 혈액에 단백질이 충분해야 조직의 물을 빨아내는데(물은 언제나 농도가 짙은 곳으로 이동하니 이를 '삼투 현상'이라 함) 단백질이 부족하니 그게 안 된다. 물이 조직에 남아 부기가 생기는 것이 부종이다. 내가 어릴 때만 해도 앞배가 산 같은 아이들이 흔하고 흔했다. 요즘도 경제적으로 어려워 단백질 공급이 부족한 나라의 아이들은 하나같이 배가 불룩하지 않던가. 또 간이 나쁜 사람의 경우, 배에 물이 차는 복수腹水가 심하면 단백질 알부민albumin주사를 맞는 것도 피에 단백질 농도를 높여 줘서 조직의 물을 빨아내기 위한 것이다. 단백질은 항체抗體를 만드는 물질로, 그것이 부족하여 세계 도처의 수많은 어린이들이 병들어 죽어 가고 있다. 단백질이 뭐기에…. 세상이 고르지 못하구나. 한쪽은 배가 터져 죽고 다른 편은 배를 곯아 죽고 있으니 말이다.

그 맛있는 설탕(옛날에는 배탈이 나거나 탈진했을 때나 먹었던 '약'이었음)을 삼가라더니 이젠 소금을 될 수 있는 한 적게 먹으라 하고, 조미료 글루탐산나트륨MSG 또한 입맛을 북돋아 줄 뿐 아니라 머리를 좋게 한답시고 선전도 서슴지 않더니 역시나 좋지 않다고 아우성이다. 이런 것을 두고 이르기를 '어저께 참眞인 것이 오늘은 거짓'이라 한다. 우연히도 이들은 모두 결정성 '흰 가루'로 우리에게 친근한 식품 첨가물들이다. 늙으면 '혈'자 들어가는 것을 조심하라 한다. 고혈압, 고혈당, 고지혈 말이다. 치료에 난공불락難攻不落인 이 셋 모두 몸을 많이 움직이면 잡을 수 있다 한다. '움직이면 보이지 않고 머물면 보이는 것이 자기 자신'이라 하지만, 누란累卵의 위기에 처한 핏대 오른 당신은 "걸으면 살고步卽生 누우면 죽는다臥卽死."

바다는 3.5퍼센트의 소금물

작가의 이름은 잊었지만 이런 시 한 구절이 아직도 기억에 남아 있다. "…… 소금 3퍼센트가 바닷물을 썩지 않게 하듯이 우리 마음 안에 있는 3퍼센트의 좋은 생각이 우리의 삶을 지탱하고 있는지 모릅니다……." 시인도 바닷물의 평균 염분 농도(3.5%)를 저리도 잘 아는구나, 하고 감탄했다. 이런 과학적인 사실 하나가 시를 훨씬 윤택하게 한다. 실은 시인들이 생물학을 전공한 필자보다 식물 이름을 더 많이 알고 있다. 자연을 가까이하지 않고 시를 찾을 수 없으니…. 학자들은 소금이 다음과 같이 생겨났다고 한다.

소금의 생성은 인류의 역사가 시작하기 전 지구의 탄생과 같이한다. 약 45억 년 전 생성된 것으로 추정되는 지구는 당시 뜨거웠고 흐물흐물한 바위에서 가스를 뿜어내고 있었는데, 그 가스 속에는 수증기와 염화수소HCl가 섞여 있어 바위 속 탄산수소나트륨$NaHCO_3$과 부딪치며 그중 일부가 염화나트륨$NaCl$이 되어 하늘로 올라갔다. 그 후 지구가 차츰 식으면서 수증기는 비가 되어 땅 위로 쏟아져 내렸는데 이때 소금도 함께 녹아 땅에 쌓이게 되었다고 한다. 염분은 흙 속에 포함되어 있는 각종 무기물과 함께 물에 씻기어 바다로 흘러들었고, 세월이 흐르면서 소금의 함량이 농축되면서 오늘날에 이르렀다. 이로써 바닷물은 약 3.5퍼센트의 염분을 함유하게 되었다는 것이다.

그러면 지금의 민물에는 염분이 있을까, 없을까? 소량 '있다'고 이야기한 적이 있다. 미국의 오대호 중의 하나인 '미시간 호'에서 매우 놀란 적이 있다. 미시간대학에 있을 때, 달팽이를 잡으러 동료 교수와 함께 4시간여를 북쪽으로 내달려 간 곳이 바로 미시간 호였다. 망망대해茫茫 大海다! 수평선 너머 빈 하늘에는 갈매기들이 날고, 산더미만한 거선巨船 이 저 너머에 둥둥 떠 있는 것이 그날 본 것 중 압권이다. 저게 어찌 바다 가 아니고 호수란 말인가. 어안이 벙벙하고 말문이 막힌다. 두 손으로 물 을 떠서 물맛을 보고서야 민물 호수인 것을 알았다. 허 참, 눈은 바다라 하고 혀는 담수호淡水湖라 한다. 담수에도 아주 미량인 0.05퍼센트의 소 금 성분이 들어 있지만 혀로는 짠맛을 느끼지 못한다. 역치가閾値價, threshold, 어떤 반응을 일으키는 데 필요한 최소한의 자극의 세기, 원래 '문턱' 이라는 뜻임 보다 낮아서 느끼지 못할 뿐. '행과 불행' 에도 경계선이 있을 수 있으니 그 금을 '역치' 라 해도 좋다. 큰 주전자에 맹물을 가득 넣고 작은 소금이 나 설탕 알갱이 하나를 녹여 맛을 본다면?

아무튼 바다와 소금은 뗄 수 없는 관계다. 태초에 지구의 70퍼센트 를 차지하는 바다가 생길 적에 소금도 따라서 생겨났으니 말이다. 그 바 다의 일부는 융기隆起, 솟아오름하여 땅이 되기도 하고, 또 한쪽은 침강하 여 더 깊이 들어가기도 했다. 지구는 조용하지 못했다는 말이다. 따라서 생물들도 죽고 나기를 수없이 반복하여 현재처럼 되었는데, 지금도 평 화롭지 않아 잠잠해졌다가 도지고 하면서 뭇 생물들은 하루에도 수백 종이 절멸 중이다. 어디 세상에 가만히 제자리에 머무는 것이 없으니 이 를 일러 무상無常이라 하는 것.

우리가 쓰는 소금에는 크게 두 가지가 있다. 하나는 염전에서 얻은 천일염天日鹽이고, 다른 하나는 오랜 세월 바닷물이 증발하여 굳어진 암 염巖鹽이다. 전자는 앞에서도 말했지만 소금밭에서 여러 단계를 거쳐서 물을 증발시키느라 품삯이 많이 들지만 후자는 저절로 생긴 것이라 석탄 캐듯 파내기만 하면 된다. 노다지가 따로 없다. 파키스탄, 이란, 미국, 캐나다, 독일, 중국 등 세계 곳곳의 땅 밑에 바위소금이 묻혀 있다고 한다. 어쨌거나 두 가지 모두 바닷물이 증발하고 남은 것이다. 바닷물은 죽어 소금을 남기는구나. 나는 무엇을 남기고 갈까? 떠나기는 싫고 머물자니 괴로운 이 세상을 어이 살다 갈까나. 이 겨울이 언제 또 나에게 올지 모르는데….

소금에 얽힌 이야기

필자가 국민(초등)학교 다닐 때는 교과서에서 '소금'을 '소곰'이라 썼다. '돼지'가 아니고 '도야지'였었고. 표준어도 쉴 없이 바뀐다. 그건 그렇고 교통이 좋지 않았던 옛날 옛적, 바다에서 멀리 떨어진 오지奧地에 살았던 촌사람들에게 소금은 더없이 소중한 물건이었다. 동물이나 사람이나 소금을 먹지 않고는 살 수 없다. 때문에 우리나라에서도 숫기 좋게 언죽번죽 굴며 심통 부리는 소금 장수를 칙사勅使로 대접했다 하지 않는가. 실은 소금이 아니라 값진 보석이었으니 한마디로 '생명 장수'였던 것이다. 옛날 서양에서는 품삯이나 월급으로 소금덩어리를 줬으니 급여를 뜻하는 '샐러리salary'는 라틴 어 'salarium'에서 유래한 것으로 '소금으로 주는 급여'라는 뜻이다.

소금이 짠 것은 당연히 나트륨이온Na^+ 탓이요, 신맛은 수소이온H^+ 때문이고, 단맛은 포도당, 쓴맛은 여러 가지 알칼로이드alkaloid 물질 탓이다. 엉뚱한 이야기가 되겠지만 혀가 맛을 느끼지 못 했다면 어떤 일이 일어났을까? 생각만 해도 끔찍한 일이다. 코가 냄새를 맡지 못하는 것이나 귀가 소리를 듣지 못하는 것과 다르지 않으니…. 분명 몸에 독이 되는 것도 마구잡이로 덥석덥석 먹었을 것이고, 구린내도 독가스도 구별 못하는 일이 생길 뻔했다.

힘들게 운동을 하고 나면 그늘에서 몸을 식히며 쉰다. 땀이 마르고 나면 부석부석, 올망졸망 소금 알갱이가 한가득 얼굴에 달라붙는다. 우리가 어릴 때는 땀 흘리고 나면 소금 한 주먹 입에 털어 넣고 찬물 한 사발 꿀꺽꿀꺽 마셨는데, 요새 갈증을 달랜다는 '스포츠 음료' 들의 성분을 잘 들여다보면 그것이 소금물임을 알 수 있다. 땀에 염분이 묻어 나오기에 운동 끝에는 물과 소금을 보충해 주는 것이 당연하다. 다 경험한 일이지만 몸 안에 소금이 부족하면 소금기가 짜기보다는 되레 달착지근하게 느껴진다. 그것은 그만큼 인체 생리에 소금이 중요하다는 방증이다. 개나 고양이가 사람의 손바닥 핥기를 좋아하는 것은 거기에 묻어 있는 염분 맛이 좋아 그렇다.

사전을 들여다보니, "소금은 짠맛을 내는 무색의 천연 광물성 식품으로 조미료나 방부제로 씀"이라고 써 놨다. 소금은 양념으로 입맛을 나게 하고 침을 잘 분비케 한다. 싱거운 음식, 맹탕은 죽어도 먹을 수 없다. 음식은 간이 맞을 때 제맛을 낸다. 소금은 스스로 썩지 않을뿐더러 부패를 방지한다. 하여 부정 타지 말라고 소금을 흩뿌리고, 사회의 소금이 되라고 한다. 생선이나 젓갈은 소금 절임으로 세균bacteria이 번식을 못 한다. 이렇게 소금은 시거나 썩는 일이 없다. 순결을 잃는 일이 없다.

우리는 어릴 적에 치약이라는 것이 없었다. 소금이 치약이었다. 지금도 잇몸이 좋지 않으면 소금 양치질을 하라고 권하지 않는가. 목도 소금으로 헹군다. 눈이 뻑뻑한 데는 0.9퍼센트에 가까운 소금물(생리 식염수)을 넣는다. 굿을 할 때도 소금을 뿌렸으며, 한여름 장독대 근처에 소금을 뿌려서 풀을 죽이고 민달팽이의 접근을 막았다. 소금의 쓰임새를 어찌 여기에 모두 다 쓰겠는가.

소금은 하루에 평균 10.5그램 정도만 먹으라고 권한다. 다만 육식이나 잡식을 하는 동물의 경우에는 소금을 따로 먹을 필요가 없다. 생선이나 육류에 들어 있는 염분으로 족하다는 말이다. 그러나 철저한 채식을 하거나 초식을 주로 하는 경우에는 따로 염분 섭취를 해야 한다.

아슴아슴해진 오랜 추억을 잃지 않으려 하지만 하나둘 나의 머리, 마음에서 아름아름 사라져 간다. 그러나 몇 안 되는 뼈에 사무친 기억은 그대로 각인되어 있다. 무더운 여름날 학교에서 땀을 뻘뻘 흘리며 헐레벌떡 집에 오면, 울 엄마는 두레박으로 찬 샘물을 길어 올려 큰 사발에 담고, 거기에 간장 한 종지를 부어 새끼손가락으로 설레설레 저어 주신다. 아, 시원하고 달큼한, 내 어머니가 만들어 주신 건강 음료다! 콜라색을 띤 간장 음료로 거기에는 간장의 아미노산에다 적당한 염분이 들어 있어 갈증 해소에 으뜸이다! 이렇게 간장을 통해 저승의 엄마를 느낀다.

"소금 먹은 놈이 물켠다."는 말은 무슨 일이든 거기에는 그렇게 된 까닭이 있다는 뜻이고, "소금이 쉴까?"라는 말은 그럴 리가 없음을 이름이요, "소금에 아니 전 놈이 간장에 절까."는 그 보다 더 큰일도 이겨 낸 사람이 그 정도 일에 넘어갈 리가 없다는 대담성을 일컫는다. "소금이 쉴 때까지 해 보자."란 끝까지 해 보자는 의미다. 유명한 사람은 별명이 많고, 중요한 물건에는 빗대는 속담이 흔한 법.

설탕이 그렇듯 소금도 물을 잘 흡수하는 성질이 있다. 이것을 소금의 조해성潮解性이라 한다. 옛날에는 집에 소금 가마니를 들여 놓으면 아래에 종지나 사발을 받쳐 두어서 적잖게 녹아 나오는 소금물을 받았다. 소금이 녹은 물이니 얼마나 짜겠는가. 그 진한 물이 그지없이 짜되 쓰니 이를 간수라 하고, 고염苦鹽, 쓴 소금이라 부르기도 한다. 두부豆腐 만들기에는 간수가 있어야 한다. 두부의 영양에 대해선 필설로 다 하지 못한다. 익은 콩물은 식물성 단백질이 주성분이다. 그것이 간수를 만나면 단번에 굳어지고 마니, 굳은 것을 목침덩이처럼 자른 것이 두부다. 어떻게 간수가 단백질을 응고시킨다는 것을 알았을까. 이렇게 요리에도 소금의 과학이 묻어 있는 것이다.

잠깐 '소금집 딸' 이야기 하나를 들려 드린다. 규수가 시집을 왔는데 어찌나 일기를 잘 알아맞히는지 어른들이 혀를 내두를 지경이었다. 마당에 보리나 빨래를 널었다가도 소나기 올 것을 알아차리고 어느새 거두어들이는 것이다. 알고 보니 집이 가난하여 소금 묻은 속옷을 입고 있어서 습도가 높아지면 내복이 먼저 알고 축축해졌으니 비 올 것을 미리 알아차렸다는 슬픈 이야기다. 소금의 조해성을 에둘러 설명한 것이리라.

2장 갯벌에 깃든 생명들

개펄에 사는 단세포생물,
세균·플랑크톤·원생동물

    이제 갯벌에 사는 생물들을 들여다볼 차례다. 대략 하등한 것에서 고등한 순서로 엮어 나갈 생각이다. 바다나 갯벌에도 당연히 세포 하나짜리인 세균이나 원생동물이 살고 있다. 그것들이 살지 않는 곳은 아무데도 없으므로. 우리는 바다에 빠지면 허둥지둥, 죽기 아니면 살기다. 강물에 휩쓸려 내려온 많은 유기물이 개펄에 쌓이면 개펄은 그대로 두지 않고 자기가 묻어 놓은 세균이나 원생동물에게 어서 썩히고 먹어 버리라고 명령을 내린다. 배설물들을 신속하게 분해하는 개펄이 정갈하고 건강한 개펄이다. 이들 미생물에 대한 연구는 땅의 것이나 민물의 것, 바다의 것 모두 잘 알려지지 않고 있으니 '오리무중五里霧中'이라는 말이 딱 들어맞는다. 사실 민물에 사는 그 많은 원생동물에 관한 연구 또한 아주 빙산의 일각일 뿐이라고 하니 개펄의 것은 일러 무엇하리오.

원생동물原生動物, protozoa의 대표로 우리는 짚신벌레*Paramecium* spp.를 든다. 민물에 사는 이것들은 세포 안이 바깥보다 농도가 짙어서 물이 세포 안으로 곰비임비 자꾸 들어와 세포가 팽팽하게 불어나서 종국엔 감당하기 어려워져 터지게 되므로 그 물을 끊임없이 퍼내야 하니 그 일을 하는 것이 '수축포收縮胞, contractile vacuole'이다. 세포액이나 체액을 일정하게 등장액等張液, isotonic으로 유지하는 것이 원생동물의 수축포라면 사람은 응당 콩팥신장이 그 역할을 하여 세포나 몸의 항상성恒常性, homeostasis을 추스르는 것이다. 그렇다면 바다에 사는 원생동물은 수축포가 있을까, 없을까? 바다의 원생동물은 되레 바깥쪽 농도가 짙어 물을 빼앗기므로 수축포 같은 세포소 기관이 없다.

식중독食中毒을 일으키는 살모넬라균*Salmonella* spp., 비브리오균*Vibrio* spp., 대장균*Escherichia coli* 종류도 하나둘이 아니다. 대장균하나만도 400종이 넘는다고 한다. 이것들은 바닷물고기의 아가미나 간, 또는 조갯살에 묻어 사람에게 배탈을 일으킨다. 이렇게염분에 강한 염생세균鹽生細菌을 핼로박테리아halobacteria라 한다. 솔트 박테리엄salt bacterium 또는 오션 박테리엄ocean bacterium이라부르기도 하는데, 박테리아는 박테리엄의 복수형이다. 언젠가이야기한 생선, 새우, 굴로 만든 젓갈 또한 광염성廣鹽性, 염분이 많거나 적음에 적응력이 큼인 세균들의 작품이 아니던가. 바다에도 헤아릴 수 없이 많은 그것들이 제 맘대로 판치며 산다는 의미다. 바닷물은 짜서 미생물이 없을 것이라는 생각은 머리에서 지우자. 물론 짠물, 민물, 땅(흙)에 사는 그것들의 종種이 다 다르다는 것은 삼척동자三尺童子도 안다.

짠물이거나 염도가 높고 습하며 유기물이 많은 개펄 같은 곳을 일부러 찾아 즐겨 사는 세균은 일반적으로 아주 오래된 고세균古細菌 무리로 호기성이며, 염도鹽度가 높지 않으면 물질대사를 하지 못한다. 세포막의 구성도 보통 세균 세포막(주성분이 lipoprotein, 즉 지질단백질)과 다르다고 한다. 그리고 보통 세균은 고농도의 소금물에 물을 빼앗겨 죽어 버리지만 이들 세균은 단단한 세포막을 가져 끄떡하지 않는다. 염생 세균은 일반적으로 간균桿菌이거나 구균球菌이며, 색은 보통 붉거나 자색紫色이고, 개중에는 섭씨 42도에서도 잘 자라는 것이 있다고 한다. 자색 염생 세균이 자색인 것은 햇빛에 예민한 단백질인 '세균 로돕신'을 가진 탓인데 이것이 빛 에너지를 받아 화학 에너지인 아데노신-3-인산ATP을 합성한다고 한다. 그런데 이 자색 세균이 갖는 '세균 로돕신'은 사람을 포함한 척추동물의 망막網膜에 있는, 역시 빛을 받아 ATP를 합성하는 로돕신 색소와 아주 비슷하다.

염생 세균을 연구하기 위해 바닷물, 진흙, 조개, 물고기가 쓰인다. 세균이 있으면 언제나 세균들을 먹고 사는 원생동물이 등장한다. 일종의 먹이 사슬인 것이다. 그런데 어떻게 생겨 먹었기에 그 짠물에도 신나게 살아가는 것일까. 갑자기 간장독에서 꿈틀거리는 하얀 구더기(파리 애벌레)가 떠오른다. "구더기 무서워 장 못 담을까." 하지 않던가. 실제로 독 뚜껑을 열어 두었을 때 특별한 파리가 날아와 슬며시 알을 슨 탓이다. 바닷물보다 훨씬 더 짠(18~20퍼센트)데도 생명이 버젓이 살고 있으니 기가 찰 노릇이다. 어디 그뿐인가. 연어나 뱀장어, 황어, 은어들은 민물과 바닷물을 오가면서 살지 않는가. 별종들이 다 있다. 갯벌의 개흙과 출렁이는 바닷물에 눈에도 띄지 않는 작은 생물들이 빽빽이 살고 있다니!

바다나 갯벌 이야기에 다음 이야기를 뺄 수 없다. 플랑크톤에는 식물성 플랑크톤과 동물성 플랑크톤이 있다. 식물성은 엽록체를 가지고 있어서 녹색 식물과 마찬가지로 광합성을 한다. 그것은 바다 에너지의 보고寶庫요, 그것 없이는 바다에 여타 생물이 존재하지 못한다. 바다 생물의 먹이 사슬을 굳이 논하지 않겠다. 바닷물에 묻어온 그것들이 개펄에 가라앉아 진흙을 걸게 한다. 게가 걸어 먹는 진흙에 뭐가 먹을 게 있겠는가. 갯벌의 생태계도 이들 세포 하나짜리인 플랑크톤들이 있기에 튼튼한 것이다. 게 다리 하나, 개운한 조개탕, 싱싱한 생선 모두가 결국은 식물성 플랑크톤을 먹고 자란 것이다. 플랑크톤이라는 말은 뭉뚱그려 말한다면, "아예 부평초浮萍草, 개구리밥처럼 둥둥 떠서 살고, 정처 없이 흘러 다닌다."는 뜻이다. 고로 누가 뭐래도, 서슴없이 말할 수 있는 것은 이들이 바다의 주인이요, 본바탕이라는 것이다. 무엇을 어찌 여기다 견줄 수 있겠는가. 고마운 플랑크톤! 어쨌거나 바다 없이는 못 산다. 낮아지면 넓어지고 높아지면 좁아진다고 하는데 그게 어디 비단 물뿐이겠는가. 가장 낮은 것이 바다요, 그래서 넓다!

해면동물

　해면동물海綿動物, Porifera은 '갯솜동물sponge'이라고도 하며, 단세포인 원생 동물에서 다세포인 후생 동물로 진화하는 과정에 옆길로 빠졌다 하여 측생동물側生動物,parazoa이라고 한다. 해면을 '스펀지'라 부르는 것은 알겠는데, 'Porifera'는 무슨 의미일까? 'pori'는 'pore구멍', 'fera'는 '가지고 있다bearing'는 뜻이다. 신경도 근육도 제대로 발달하지 못한 것이 온몸으로 물을 빨아들여 물속 유기물이나 플랑크톤을 먹어야 하기에 전신에 아주 작은 구멍이 듬성듬성 수없이 많다. 인조 해면이 자연 해면을 흉내 내어 만든 것이라 그것을 물에 넣었다가 꽉 눌러 짜보면 속이 얼마나 텅 비었는가를 알 것이다. 참고로 먹이를 잡아 소화시키는, 해면동물들만 가지고 있는 세포가 있으니 이를 '금세포襟細胞'라 하는데 여기서 '襟'은 옷깃, 동정, 칼라collar라는 의미로, 우리말로 '동정세포'라 부른다. 평소 수업 시간에

"생물학을 공부하려면 한자도 알아야 하고 영어도 알아야 한다."고 주장하는 까닭이 여기에 있다. 생물학의 뿌리는 서양에 있으니 영어야 반드시 해야 하는 것이고, 생물 어휘들이 거의 일본 것을 이어받아 썼기에 한자를 알아야 하는 것이다. 태권도에 쓰는 용어는 세계적으로 모두 똑같이 '차렷, 앞발차기, 경례, 준비' 등 우리말을 그대로 사용하는 것과 같은 이치다.

사실 개펄에는 해면동물이 거의 없다. 조간대의 바위나 자갈과 멍게, 패류, 게 따위의 갑각甲殼, 등짝 위에 달라붙는데, 식물처럼 제 몸을 옮기지 못하고 한평생 제자리에 산다. 한 예로 '해면치레*Dromia debaani*, sponge crab' 라는 흥미로운 게crab가 있어 개펄에 살지는 않지만 여기에 간단히 소개한다. 게와 해면의 공생共生이라 하겠다. 먼저 '치레' 라는 말의 뜻을 알아야 이해가 쉽다. 사전에 '치레' 란 '잘 손질하여(꾸미어) 모양을 냄' 이라 정의하였으며 '겉치레', '꼬리치레도롱뇽', '조개치레' 등으로 쓰인다. 해면으로 몸을 치레한 게! '해면치레'는 해면치레과에 속하며 일본, 홍콩, 인도양 등지에 서식하는데, 한국에서는 제주도 서귀포시 앞바다에서 그물에 걸려 채집된 적이 있다고 한다. 갑각 길이 약 53밀리미터, 갑각 너비 약 61밀리미터 정도로 소형 게로 갑각의 윗면은 볼록하고 짧은 털돌기이 촘촘히 덮었으며 여기저기에 긴 털 다발이 있다. 녀석들은 해면을 등에 지고 다녀

서 몸뚱이를 가리니 이것을 위장傷裝이라 한다. 가장 뒤에 있는
다리로 살아 있는 해면을 주섬주섬 뜯어서 등에 있는 가시돌기
에다 척척 얽고 걸쳐 변장變裝을 한다. 군인들의 헬멧과 옷은 그
자체가 위장이지만 거기에다 또 풀이나 나뭇가지를 꺾어 변장
(치레)하기도 한다. 게들이 가장 무서워하는 것은 문어인데 눈
밝은 문어도 깜박 속는다. 이렇게 치레를 한 탓에 이들 게는 그
행동이 꽤나 느리다고 한다. 게는 해면으로 몸을 가렸으니 천적
에 먹히지 않아 득을 보고, 한군데 붙어 고착 생활固着生活을 하
는 해면은 게가 이리저리 옮겨 주니 먹이를 얻는 데 이득을 보
는 사이좋고 끈끈한 사이다. 아주 멋지게 진화하여 공생하고 공
존하며 살아가는 상생相生이 아닌가. 그놈들 참 신통神通하다!

　덧붙여서 괴이한 습성을 가진 게 한 종을 더 만나 보자. 누
덕옷게Micippa thalia라는 녀석이다. 물맞이게과의 한 종으로 갑각
길이 약 23.8밀리미터, 갑각 너비 약 18.6밀리미터의 비교적 큰
게다. 이마에 난 2개의 돌기는 약 45도 아래로 기울고 서로 벌
어지는데, 등짝의 잔가시에 해초를 꼬깃꼬깃 접어 걸어 놓는 꼼
수로 상대를 속인다. 조가비를 둘러쓴 녀석, 해면치레처럼 해면
을 등에 짊어지고 다니는 녀석들도 있으니 꾀보들이다. 온몸에
해조海藻나 검불, 흙을 묻히고 다닌다. 참 멋있는 이름, 누덕누
덕 기운 헌 옷을 입은 게! 언뜻 한 벌밖에 없는 해진 장삼長衫을

걸친 스님이 떠오르는 것은 왜일까. 진흙이나 모래진흙 또는 조개껍데기가 깔린 바닥에서 살며, 우리나라에서는 제주도 서귀포, 부산 해운대 근해에 산다고 한다.

자포동물＋유즐동물＝강장동물

　"눈眼은 새 것을 좋아하고 귀耳는 헌 것을 즐긴다."고 하던
가. 실은 고집불통인 입口도 귀 못지않아 어릴 적에 먹은 맛이나
제 나라 음식은 잊지 못한다. 제목이 이름들이 어쩐지 눈에 선
독자들이 있을 터이니, 이것부터 풀고 넘어가자. 자포동물刺胞動
物, Cnidaria은 말 그대로 '刺胞', 즉 '쏘는 세포'를 가지고 있는 동
물이라는 뜻이다. 이 동물의 가장 큰 특징은 자기 몸을 보호하거
나 먹이를 잡아먹는 데 쓰는 자포nematocyst를 가지며, 이것은 다
른 동물에게 없고 이들만이 갖는 특수한 세포다. 영어 이름
'Cnidaria'는 'knid쐐기풀'와 접미어接尾語인 '～aria닮다'가 합쳐
진 단어로 쐐기풀처럼 쏜다는 뜻이다. 유즐동물有櫛動物, Ctenophora
은 '櫛', 즉 머리 빗는 '빗'을 닮은 '빗판'을 가지고 있다는 의미
이고('빗해파리'가 여기에 들어간다), 이 두 동물 문門을 합쳐 강장
동물腔腸動物, Coelenterata이라 부른다. 강장동물이란 창자가 빈 동

물이라는 뜻이다. 학자들 중에는 생물들을 세세히 나눠 보려는 '스플리터splitter'가 있는가 하면 가능한 비슷한 것들을 묶어서 보려고 하는 '그루퍼grouper'가 있다. 자포동물문을 히드라hydra, 해파리jellyfish, 산호coral, 말미잘sea anemone 등으로 나눈다. 그리고 유즐동물문은 빗 닮은 빗판을 갖는 빗해파리가 있다. 이들 강장동물 중에서 개펄에서 만날 수 있는 것은 말미잘이 대표적이다.

수생 동물인 말미잘은 조간대의 제일 아래 간조선 근방이나 물이 다 빠져 버린 뒤에도 물이 조금 고여 있는 조수 웅덩이의 사방 바위틈에 달라붙어 있는 것을 볼 수 있다. 사람 발자국 소리에 입을 닫을 정도로 꽤나 예민한 동물이다. '어린이의 영혼을 가진' 필자는 살금살금 가까이 다가가, 흙을 뒤집어쓴 말미잘 주둥이에 미적거림 없이 손가락을 쑤셔 넣어 보는 심심풀이 장난을 하지 않은 적이 없다. 그만큼 말미잘이 스트레스를 받았을 테니 내 죄가 바다만큼이나 크다. 바위 틈새나 돌에 붙어 살면서 불가사리 같은 목숨앗이천적가 나타나면 밑바닥을 떼어 들고 도망을 가기도 한다지만 하도 단단히 붙어 있는지라 손으로 떼기는 불가능하다. 모르쇠 하는 놈이라 우격다짐해도 살이 뭉그러졌으면 뭉그러졌지 바닥판을 좀체 떼지 않는다. 말미잘은 먹이를 잡으려고 예쁜 촉수觸手를 길게 뻗는데 그 모양이 꽃을 닮았다 하여 '바다꽃anthozoa'이라 부른다. 말미잘은 바닷가 깊은 곳에 이르기까지 분포하고, 아주 작은 것부터 큰 것까지 매우 다양하다.

'말미잘'이라는 우리말 이름을 살펴보면 이 동물의 특성을 이해하는 데 도움이 될 터이다. 말미잘의 '말'은 달리는 '말馬'을 의미하고, 미잘은 '미주알고주알'에 그 어원이 있다. '미주알고주알'이라는 말은 항문肛門 괄약근括約筋, 조임근을 뜻하며, 말미잘의 입(그것이 곧 항문이기도 함)에 손가락을 넣어 보면 근육이 수축하면서 손가락을 꾸욱 누르며 조여 온다. 꼭 '말의 항문'과 같다. 이렇게 억지로(?)라도 해석을 할 수 있는 우리말 이름이 그리 흔치 않다. 도무지 어원을 알 수 없는 것이 거의 전부라는 뜻이다. '메뚜기', '잠자리', '메기', '붕어', '따개비' 어느 것 하나 그 말의 의미를 알 수 있는 것이 드물지 않은가? 참 애석한 일이다. 조상들이 기록으로 남겨 두지 않아 이런 일이 벌어진다. 관찰한 것, 새로운 생각, 어떤 흔천한 느낌이라도 모두 기록으로 남겨 두어야 한다. 서양 사람들은 생물 이름에 다 그 어원을 밝혀 놓고 있으니 하는 말이다. 앞에서 'Cnidaria'를 잘 설명하고 있지 않던가!

말미잘을 포함한 모든 자포동물은 입 주위에 여러 개의 촉수가 돌려나 있다. 중국 여행을 가면 흔히 '촉수금지觸手禁止'라는 푯말이 있는데, 거기에 손대지 말라는 뜻이다. 자포동물의 촉수는 몰래 숨겨 둔 비장의 무기로, 자포가 많이 들어 있다. 자포는 적을 쏘아 물리치기도 하고, 먹잇감을 찔러 잡아먹는 일을 한다.

개펄에서 물속으로 들어가면 이런 신기한 세상을 만난다. 바다 밑을 안방처럼 다니는 잠수부潛水夫, 스쿠버다이버scuba diver 들은 자주 이런 장면을 목도目睹한다고 한다. 보통 사람은 그것을 보기 어려우니 대신 커다란 수족관水族館에 가면 반드시 한 코너에서 그들을 만날 수 있다. 나도 외국에서 여러 번 만났다. 작은 물고기 한 마리가 말미잘 근방을 어슬렁거리고 있다. 물고기는 '흰동가리'로 영어로는 '아네모네피쉬anemonefish'라 부르며 말미잘물고기, 댐절피쉬damselfish, 클라운피쉬clownfish라고도 한다. 몸은 긴 타원형에 옆으로 납작하며 체고體高가 높다. 당연히 흰동가리는 바닷고기로, 뼈가 단단한 경골어류硬骨魚類인데, 쉽게 말하면 아주 작은 돔농어목 자리돔과의 일종이므로 보통 '흰동가리돔'이라고도 부른다.

이 물고기의 활동 무대(서식처)는 말미잘인데, 이 말미잘은 꽤나 큰 축에 들어, 15센티미터짜리 물고기가 들어가 숨으면 보이지 않을 정도로 크다. 물론 흰동가리도 여러 종류가 있으며, 크기나 몸 색깔에 차이가 많다. 이 고기는 산호초나 해안의 암초 사이에 살며 독침을 가진 말미잘 안에 들어가 공생하는 놈으로,

다른 여느 물고기와는 달리 말미잘의 독침에 쏘이지 않는다. 그런데 어째서 흰동가리만 말미잘의 독침에 쏘이지 않는 것일까? 그 까닭에 대한 여러 가설이 있으니 첫째, 말미잘이 자포를 가지고 있지 않을 것이다, 둘째, 물고기 몸이 말미잘 촉수에 닿지 않을 것이다, 셋째, 흰동가리의 살갗이 아주 두꺼워 쏘이지 않을 것이다, 넷째, 흰동가리가 있어도 쏘지 않을 것이다, 라는 것들이다. 그러나 결론은 물고기가 말미잘에 몸을 문질러서 점액을 온몸에 묻히니 거기에 몸을 방어하는 무언가가 있다는 것이다. 1분이 멀다 하고 물고기가 집에 들락거리는 것은 보호막인 점액을 몸에 묻히기 위한 것이라고 해석한다. '말미잘 옷'을 한 벌 얻어 입어 '화학적으로 위장'하게 된 것이라고 보기도 한다. 그리고 으레 물고기 자체가 분비하는 점액 또한 자세포刺細胞, 독침를 유발하지 않게 한다고 본다. 물론 다른 물고기들은 말미잘의 자포에 쏘이면 치명상을 입고 죽어 말미잘의 먹이가 된다.

흰동가리는 말미잘의 촉수 안에서만 살지는 않는다. 건달乾達처럼 먹이를 찾아 돌아다니다가 큰 물고기가 잡아먹으러 달려들면 한달음에 말미잘의 품속으로 도망친다. 멋도 모르고 따라 들어온 물고기는 말미잘의 촉수에 쏘여 영락없이 말미잘의 밥이 되고 만다. 말미잘이 흰동가리를 보호해 주는 대신에 먹잇감을 유인해 오는 흰동가리의 도움을 받는 셈이다. 세상에는 절대로 거저 얻는 것 없다. 긴긴 세월 이 두 동물은 이렇게 서로 도 우면서 진화해 온 것이다. 참 묘한 생물계의 숨은 구석이라 하 겠다. 너 없이 나 못 살고, 나 없인 너 못 사는 더불어 사는 삶이 얼마나 아름다운가! 모름지기 사람 사이에도 이리하여, 이승이 천당이고 극락일지니 등고자비登高自卑라, 높은 자리에 오를수록 자기를 낮출지어다.

그런데 세계적으로 1000종이 넘는 말미잘 중에서 물고기와 공생 관계를 유지하는 것은 겨우 10여 종에 지나지 않으며, 말 미잘을 자기의 집宿主으로 삼고 사는 어류도 28종에 지나지 않는 다고 한다. 또 이런 관계를 맺고 사는 것들은 아주 깊은 곳이 아 닌 옅은 바다에서 관찰할 수 있다고 한다. 말미잘은 잡은 물고기 뿐만 아니라 촉수 속에 역시 공생하는 단세포 생물인 조류algae, zooxanthellae에게서 양분을 얻기도 하기에 조류가 광합성을 할 수 있도록 햇빛이 잘 드는 곳에서만 살 수 있다. 다시 말해서 빛이 투과하지 못하는 50미터 이하의 바다에서는 살 수 없다.

또 하나 재미나는 이야기가 이 물고기에 숨어 있다. 우리나 라 남해안에서도 발견되는 10센티미터 길이의 '청소놀래기'는 평소 수컷 한 마리가 대장 노릇을 하며 암컷 여러 마리를 이끌 고 다니다가 어쩌다 그 수컷이 죽으면 느닷없이 암컷 가운데 덩 치 크고 다부진 놈이 대뜸 수컷으로 변한다고 하는데, 이렇게 성전환性轉換에 걸리는 시간은 이틀 정도라고 한다. 그런데 반대로 흰동가리는 암컷이 죽으면 알이 굵고 태깔이 좋은 수컷 한 마리가 홀연忽然 암컷으로 바뀐다고 한다. 성전환은 굴石花, oyster 과 같은 다른 여러 동물에서도 흔히 발견되는 일이 아닌가? 그뿐인가. 바닷물고기 중에는 암수한몸雌雄同體, monoecious인 녀석들도 있다 하지 않는가.

참고로 같은 자포동물인 해파리의 녹색형광단백질GFP, Green Fluorescent Protein 유전 인자를 세균이나 다른 동물에 이식한 과학자는 그 업적을 인정받아 2008년에 노벨화학상을 받았다. GFP는 녹색 형광을 띠는 단백질로 238개의 아미노산으로 구성되어 있는데, 이 가운데 65~67번째인 3개의 아미노산 때문에 형광이 나타난다. 우리나라에서도 성공한 일로, 이 발광 유전자를 달걀에 이식하여 해가 져 어두워지면 파란색을 내는 닭을 만들 수 있다.

바다선인장(*Cavernularia obesa*, sea pens)

　　필자는 은사 최기철 선생님 덕에 바다를 참 많이 다녔다. 대학 때 선생님의 담당 과목인 '해양생물학'을 수강하며 바다를 많이 배우고 알게 되었으며, 특히 덕적도와 영종도에서 채집을 많이 하였다. 가끔 개펄에서 곤봉 모양의 바다선인장도 만났으니, 몸의 일부분을 모래나 펄 속에 파묻고 나머지 윗부분은 내밀고 있어서 그것을 애써 뽑았던 기억이 난다.

　　산호충강 바다조름목 바다선인장과의 자포동물로 여러 개의 폴립(말미잘을 닮았으며, 8개의 촉수를 가짐)을 위로 내는데, 전체적으로 회백색이거나 연주황색이고 바닷가의 조간대 아래 모래펄갯벌에 산다. 몸의 길이는 10센티미터 정도이고, 둥글고 긴 자루 모양의 몸통은 2센티미터 정도로 연한 노란색에 잔주름이 세로로 많이 나 있으며, 100년을 넘게 산다고 한다. 몸 전체가 두 마디로 나뉘는데, 짧은 쪽이 땅속에 박히는 부분이고, 긴 쪽이 위로 올라와 있다.

　　흔히 바다팬지sea pansy라 부르는 것으로 깃펜quill pens을 닮았으며 보통은 고착 생활을 하지만 자리를 옮길 수도 있다. 천적은 주로 불가사리이며, 유생은 플라눌라planula이고 어린 물고기의 집이 된다. 낮에는 보통 짧게 수축하나 밤이 되면 길게 뻗어 여러 개의 폴립polyp을 위로 내고 있다. 또 모래진흙의 해저에 살고 밤에는 발광하는 것으로 유명하다. '오렌지 씨 펜orange sea pen'은 파도에 흔들리면서 자극을 받으면 갑자기 녹색을 발광하는 발광생물이다. 한국에서는 남서해안에 서식하고 남태평양 제도, 오스트레일리아, 인도양 등지에 널리 분포한다.

고리 모양의 수많은 마디를 가진
환형동물

　한때는 유럽에 약품의 원료나 화장품 등의 재료로, 일본에
는 낚시 미끼로 팔려 나가 외화를 벌어들였던, 연년세세年年世世
갯벌을 지키면서 붙박이로 살아온 터줏대감 갯지렁이! 우리보
다 먼저 와서 우리 갯벌에 터를 잡고 살았던, 우리보다 더 오래
오래 거기서 살아갈 바다에 사는 지렁이! 어제를 집어 먹고 온
오늘, 그 오늘을 파먹고 있음을 아는지 모르는지…. 때가 되면
떠나는 것이 정한 이치라면, 때가 되면 그리워하는 것은 사람의
도리가 아니겠는가. 늙으면 지난 과거를 헤쳐 파먹고 산다고 하
는데, 아마도 추억이 아름다운 것은 분명 늙음이 있고 죽음이
있어 그런 것이리라.

　환형동물環形動物, annelid이란 '몸마디(체절)가 많은 동물' 이
라는 뜻이며, 영어 명칭 'annelid' 는 '고리ring' 라는 뜻이다. 지

렁이를 연상하면 금방 그 의미를 알 것이다. 이 환형동물을 크게 세 무리로 나누니, 몸에 난 센털강모, 剛毛이 짧고 적은 지렁이나 실지렁이는 빈모강貧毛綱, Oligochaeta, 센털이 아주 많은 갯지렁이는 다모강多毛綱, Polychaeta, 그리고 센털이 없는 거머리강水蛭綱, Hirudinea으로 분류한다. 다모류는 환형동물 중에서 가장 많은 종이 있으며, 다모류의 일부가 육상으로 올라와 빈모류(지렁이류)가 되고, 빈모류 중에서 담수로 들어간 것이 거머리류가 되었다고 한다. 이렇게 땅이나 민물, 바다에 사는 환형동물은 모두 합쳐 세계적으로 어림잡아 1만 2000종이나 된다.

환형 동물은 동맥과 정맥 사이에 모세 혈관(실핏줄)이 이어지는 폐쇄 혈관계閉鎖血管系이고, 호흡은 피부 호흡皮膚呼吸하며, 배설 기관인 신관腎管은 체절體節마다 1쌍씩 있다. 다모류는 암수 딴몸이지만 지렁이나 거머리는 암수한몸이고, 대부분은 붉은 혈색소인 헤모글로빈haemoglobin을 갖지만 어떤 무리는 헤모에리스린hamoerythrin이나 녹색을 띠는 클로로크루오린chlorocruorin 같은 호흡 색소呼吸色素를 갖는다. 쉽게 말해서 산소를 운반하는 피의 성질이 조금씩 다를 수 있다는 말이다.

환형동물의 전체 특징은 이 정도로 하고, 다음은 갯벌이나 바다에 사는 갯지렁이 무리인 다모류의 특성을 보자. 갯지렁이는 세계적으로 1만 종이 넘으며 환형동물 중에서 가장 종이 다양하다. 5~10센티미터짜리가 대부분이지만 1밀리미터 정도의 미소종이 있는가 하면 가장 큰 것은 3미터나 된다고 한다. 갯지렁이들은 땅에 사는 어른 지렁이에 있는, 생식에 관계하는 환대環帶가 없으며, 바다나 민물과 짠물이 섞이는 섞임물기수, 汽水에 주로 살고, 온대 지방의 민물에는 아주 드물다. 머리에는 1쌍의 턱과 1쌍의 더듬이 말고도 2쌍 또는 4쌍의 눈이 있으나 그것은 겨우 명암을 구별할 정도라고 한다. 발그레한 몸의 표피表皮는 콜라겐collagen 단백질 성분의 질깃한 큐티클cuticle로 싸여 있으며, 머리 부위에 발달한 촉수가 있다. 각 체절에는 짧은 노櫓를 닮은 측지側枝, parapodium가 붙어 있어 그것으로 기어 다니는데, 거기에는 센털이 나 있어서 뱀처럼 몸이 뒤로 미끄러지지 않는다. 참고로 신문지 위에 지렁이를 올려놓고 뒤에서 잡아당기면, 센털이 신문지를 잡고 있어 잘 끌려가지 않으나 앞에서 당기면 쉽게 끌리는 것을 알 수 있다.

찰랑찰랑 밀려오는 바다 물결이 살갑다! 어떤 갯지렁이는 바다에서 떠돌이 생활을 하는 무리도 있지만 제가 거처를 마련하여 서관棲管 속에서 사는 것들도 있다. 다시 말하면 진흙 속에 적당히 굴을 파고 살면서 여기저기 돌아다니는 유재류遊在類, Errantia와 집을 따로 지어 서관 속에서 고정 생활을 하는 정재류定在類, Sedentaria로 나뉘며, 이들이 사는 곳은 거의 개펄이고, 1제곱미터에 수천 마리가 득실거리며 산다. 이 무리는 물고기나 갑각류의 먹이가 되어 바다 생태계의 먹이 사슬에서 아주 중요한 몫을 담당하는 긴요한 생물이다.

우리가 개펄에서 만나는 전형적인 '갯지렁이'는 유재류로, 펄에다 U자 모양의 굴을 파고, 물이 빠지면 서둘러 그 속에 들어간다. 입으로 흙을 먹고 거기에 들어 있는 유기물을 섭취, 소화시키고 찌꺼기는 굴 입구에 뱉어 버리니 거기에 버려져 구불구불 라면발처럼 쌓인 퇴적물을 보고 낚시꾼은 낚싯밥인 갯지렁이를 잡는다. "내 여기 있소!"하고 알려 준 셈이 되고 말았다. 녀석들은 갯벌의 건강 정도를 알려 주는 지표종이라 여기저기서 왕창 들썩거려야 개펄이 튼실한 것이다. 산에는 나무가, 바다에는 물고기가, 밭에는 지렁이가, 그리고 개펄에는 갯지렁이가 살아야 한다.

소화 기관은 입, 인두, 식도, 장, 항문 순으로 몸의 중심을 세로로 지난다. 종에 따라 육식을 하는 것, 진흙 속의 유기물을 소화 흡수하는 것, 플랑크톤을 잡아먹는 것 등 아주 다양하다. 갯지렁이는 커다란 낫 모양의 이빨로 먹이를 집어삼키며, 육식성 종의 먹이는 주로 무척추동물이다. 보통 사람이 보면 매우 흉측스러워 보이는 이 무리들은 암수딴몸이나 암수의 외형적 차이는 거의 찾아볼 수 없다. 대부분 관을 통해 각각 만든 정자와 난자를 내보내지만 어떤 경우에는 몸을 터뜨려 난자와 정자를 물에 풀어 버리고 어미와 아비는 죽고 만다. 곱씹어 말하면 암수딴몸이지만 교미를 하는 것이 아니라 물에서 체외 수정體外受精을 한다. 수정란은 자라서 담륜자 유생膽輪子幼生으로 플랑크톤 생활을 한 다음, 변태하여 성충의 모양을 띤다.

여기서 놓치지 말아야 할 것이 있으니, 갯지렁이나 사람이나 그들의 생식은 달의 인력引力의 영향을 받는다는 것이다. 여성의 달거리월경. 月經가 음력으로 한 달인 28일이고, 임신 기간이 음력 열 달(280일)이다. 정녕 달은 생명의 근원이라 하겠다. 보름달에 수세미 뿌리의 근압根壓이 제일 크고, 소나무 둘레가 최대로 부풀며, 개미귀신의 함정이 가장 커진다 한다. 놀래기나 파랑돔 등의 어류 산란에도 달이 영향을 미친다 하며, 내 어머니가 그리하셨듯이 필자도 달만 보면 두 눈이 거기에 박히면서 손을 모아 자식들의 안녕을 빌게 된다. 이렇듯 합장 기도合掌祈禱를 하게 되는 것을 미신적인 토테미즘totemism 정도로 비하할 일만은 아닌 듯하다.

갯지렁이 무리는 생활사가 비교적 짧고 번식력이 강하며, 섭식 활동을 통하여 바다의 유기 성분을 변화시켜 개펄을 정화하는 등 해양 저서 생태계에서 더없이 중요한 몫을 차지하고 있다. 동시에 조류鳥類의 주된 먹이가 되며, 낚시 미끼로 어민 부업의 대상이 된다. 그 많은 철새들이 무얼 잡아먹겠는가? 갯지렁이, 조개, 게 따위가 그들의 배를 불려 준다. 또 갯지렁이는 주로 미끼용으로 수출했으니, 1990년경에 근 660톤이었던 총생산량이 해마다 턱없이 줄어들다가, 이제는 드디어 다른 나라에서 들여와 쓰기에 이르렀다고 한다. 요새는 붕어나 다슬기 등 살아 있는 생물들을 거의 다 수입한다. 그러나 예전에는 달랐다. 수많은 갯마을 아이들이 가난 탓에 학교는 멀리하고 끝자락이 보이지 않는 드넓은 개펄에서 진종일 후줄근한 몸을 추스르며 아등바등 갯지렁이를 잡던 때가 엊그제 같은데, 이제는 누구도 거들떠보지 않는다.

새삼 옛 생각이 나게 하는 '삼희성三喜聲'이라는 말이 있다. 집안에 마음을 기쁘게 하는 세 가지 소리가 있으니 다듬이 소리, 글 읽는 소리, 갓난아이 우는 소리를 이른다고 한다. 『에밀』의 저자 장 자크 루소Jean Jaques Rousseau는 "가난한 집 아이들과 부잣집 아이들 중에 누구를 가르치겠냐고 내게 묻는다면, 나는 조금도 망설임 없이 부잣집 아이들을 가르치겠다고 말할 것이다. 가난한 집 아이들은 가난이 가르쳐 준 것이 이미 너무 많기 때문이다."라고 말했다. 필자도 중학교를 못 가고 뒷산에서 나무하고, 소 먹이고, 꼴을 베다가 읍내에 중학교가 생기자 20리 길을 걸어 다니며 중학교를 마쳤고, 고등학교 시험에 덜컥 합격

하여… 필유곡절必有曲折, 누구나 인생에 굴곡屈曲과 곡절이 있게 마련이다. 어쨌거나 이렇게 갯지렁이가 '국부國富 지표종'이 될 줄을 누가 알았겠는가. 그땐 맛있고 귀한 것이면 입에도 못 대고 일본 등지로 수출하기에 바빠서 내 큰딸이 좋아하는 '도루묵 알'도 시장 바닥에서는 찾아볼 수가 없었다.

필자만 해도 어지러운 세상에 태어나 이제나저제나 하는 삶을 살아왔다. 다른 나라의 도움 덕에 살아왔던 우리가 어느새 이제 남을 돕는 나라가 되었다. 온 국민이 피땀 흘려 애쓰고 힘들게 살아온 선물이다. 노자老子는 "곳간이 차야 예절을 알고, 의식이 족足해야 영욕을 안다."고 하였다. 부디 벼락부자가 거들먹거리듯 밉살스럽게 천박하고 경솔하지 말고 베풂에 따뜻한 마음을 실을 것이다. 마음을 가다듬어 못사는 나라의 사람들을 살갑게 안아 주자. 아파 본 사람이 아픈 이의 마음을 안다. 지난날들이 하도 애틋하고 섭섭하여 잠시 옛 생각에 마음을 적셨구나.

다시 갯지렁이 이야기로 돌아가자. 우리나라에 사는 갯지렁이만 해도 265종이 넘는다고 하는데, 그중에 대표적인 것으로 갯벌과 그 근방에 사는 다모류 몇 종의 여러 특징을 간단히 살펴본다.

1) 눈썹참갯지렁이(*Perinereis nuntia*, lugworm)

이 종은 환형동물문環形動物門, Annelida, 다모강, 유재목, 참갯지렁이과Nereidae의 갯지렁이로 몸길이 8～11센티미터, 너비 5～6밀리미터의 크기이다. 체색은 갈색이고 몸마디體節는 104～122개로 난생하며, 입 앞마디는 삼각형이다. 보통 때는 펄흙에 굴을 파고 들어가 산다. 촉각은 아래 기부基部가 갈라지고 입 앞마디에는 4쌍의 촉수가 있다. 마디마다 역시 측지가 더덕더덕 붙어 있으며, 거기에 삐죽삐죽 가시처럼 보이는 강모가 아주 많아 '다모류'라 한다. 번식기가 되면 암수가 원을 그리면서 헤엄을 치다가 알과 정자를 방출하여 수정시키는데, 푸른색 알은 끈적끈적한 젤라틴gelatin질이다. 수온이 섭씨 21도～23도일 경우는 수정한 지 7～8일, 수온이 섭씨 18도일 경우는 9～10일이 지나면 부화孵化하여 유생幼生이 되었다가 2개월 뒤에 2～3센티미터 크기로 자란다. 넙치, 감성돔 등의 낚시 미끼로 쓰이는데, 공급이 수요를 따르지 못하여 턱없이 비싸기에 눈썹참갯지렁이를 사육하는 방법을 여러 모로 강구하고 있다고 한다. 두토막눈썹참갯지렁이*Perinereis aibuhitensis* 역시 낚시 미끼의 대표종인데, 몸은 청색에 가깝고 센털이 많아 흔히 '청충靑蟲'이라 부르며, 영어로는 'Sand worm'이다. 앞의 것보다 덩치가 2배나 커서 몸길이 14～20센티미터, 너비 8～11밀리미터, 몸마디는 152～235개이며, 일반적인 특징은 눈썹참갯지렁이와 큰 차이가 없다. 이들 두 종은 갯벌에 사는 환형동물 중에서 빈도頻度, frequency와 피도被度, coverage가 높은 우점종이다. 쉽게 말하면 제일 많이 산다는 뜻이다. 청충이 흙 속에 파고드는 깊이는 10센티미터 전후이며, 먹이를 먹을 때는 굴 밖으로 나와 기어 다닌다.

2) 왕털갯지렁이(*Eunice aphroditois*, Bobbit worm)

털갯지렁이목 털갯지렁이과의 다모류다. 먼저 서양 사람들이 왕털갯지렁이 무리를 보통 이름으로 'Bobbit worm'이라 부르는 까닭을 보자.

1993년 미국의 로레나 보비트Lorena Bobbit라는 여인이 남편의 음경penis을 자른 엽기적인 사건이 일어났다. 왕털갯지렁이의 무리들은 교미가 끝나면 암컷이 달려들어 수컷을 음경을 자르고 그것을 새끼에게 먹인다고 하는데, 이 때문에 그 여인의 이름을 딴 '보비트 웜Bobbit worm'이라는 이름을 얻게 되었다. 거미나 사마귀 암컷과도 비슷한 참 괴이한 습성을 가졌다 하겠다. 하기야 곧 죽을 바엔 종족 보존에 도움을 주는 것도 그리 나쁘지 않다 하겠다. 호사유피虎死留皮요, 인사유명人死留名이라, 사람은 대신 이름이나 재물을 남기고 죽는 것이 다를 뿐.

주로 바위 틈새, 해안의 큰 돌 밑이나 모래 속에 몸을 파묻고 사는 저서동물이고 다 자라면 길이가 무려 1.5미터, 어떤 경우엔 3미터인 것도 있다 한다. 몸의 너비는 25밀리미터이며, 잡식 동물로 세계에서 가장 큰 갯지렁이라고 한다. 혈색소는 헤모글로빈이고, 눈은 2개이며 5개의 촉수를 가졌는데, 턱이 아주 발달하여 먹이를 무섭게 깨문다. 전체적인 체색은 담홍갈색淡紅褐色이며 붉은 광택을 낸다. 4번째 체절에 흰 띠가 있으며 체절은 347개다. 돔의 낚시 미끼로 쓰인다.

학명 ‘*Eunice aphroditois*’도 이 다모류의 특성을 나타내고 있으니, 속명 ‘*Eunice*’는 그리스 어로 ‘good victory’라는 뜻이고, 종명 ‘*aphroditois*’는 성욕性慾을 생기게 하는 음약淫藥, 춘약春藥이라는 뜻이다. 한국, 일본, 대서양, 태평양, 인도양 등 세계적으로 분포한다.

3) 두줄박이참갯지렁이 (*Neanthes succinea*, ragworm, sandworm)

부채발갯지렁이목 참갯지렁이과의 다모류로 잔등과 배에 굵은 혈관이 1개씩 뻗는데, 체벽을 통해서 붉은 피가 흐르는 모습이 또렷이 보이며, 특히 입주머니에는 모세 혈관이 많다. 폐쇄 혈관계로 다른 무척추동물들이 개방 혈관계인 점과 판이하게 다른 점이다. 암수딴몸으로 난자와 정자를 뿜어내어 수정란이 되고, 그것이 난할卵割하여 유생인 담륜자가 되는데, 연체동물의 유생과 아주 닮았다. 이 점이 환형동물과 연체동물의 조상이 같은 것임을 반증하는 것이라고 학자들은 주장한다. 조개와 갯지렁이의 조상이 같다는 것과 사람과 원숭이가 한 줄기에서 갈라져 나가 다른 가지가 되었다는 것이 다르지 않다. 그건 그렇다 치고, 뜻도 모르고 쓰고 있는 생물 용어가 적지 않으니 담륜자도 그중 하나일 수 있다. 한자 '擔輪子'에서 '擔'은 '메다, 가지다' 라는 뜻이고, '輪'은 '바퀴' 라는 뜻으로 '섬모가 바퀴처럼 둘러나 있다' 는 의미이다. 그리고 영어 이름 'trocophora'에서 'troco'는 '털hair', 'phora'는 '가지고 있다' 는 뜻으로 담륜자와 뜻이 같다. 참고로 서양에서 먼저 쓴 'trocophora'를 일본 학자들이 '擔輪子' 로 번역해 쓴 것을 우리말로 바꾸어서 그대로 쓰고 있는 것이다. 어디선가 한 이야기를 거듭하지만, 영어도 한자도 둘 다 기본 생물학 공부에 꼭 필요하다.

이 갯지렁이는 길이가 약 15센티미터 정도라 하지만 보통은 이보다 작다. 몸의 뒤는 갈색이고 나머지는 적갈색이며 눈이 4개이다. 2개의 각수脚鬚, pedipalp와 8개의 촉수가 붙어 있는 뚜렷한 머리를 가졌다. 막 돌아다니는 유재류로 조류藻類나 다른 어린 벌레를 잡아먹으며, 입에는 갈고리 모양의 돌기가 붙어 있는 입술 모양의 주둥이吻로 먹이를 끌어들여 잡아먹는다. 잠깐,

'문吻'자 역시 독자들을 힘들게 하는 한자다. 옛날에도 남녀가 생식 활동을 하여 생긴 후손이 우리 아닌가. 원시인인 그들도 서로 사랑하면서 입맞춤을 했을 터! '접문接吻'은 사전에 찾아보면 '입술을 맞댐'으로 나와 있다.

이 갯지렁이도 망둑어나 게 같은 무리의 먹이로 중요하다. 그러나 약하다고 늘 잡아먹히지는 않으니 몸에서 점액을 분비하여 딱딱한 껍질을 만들어 버린다. 굼벵이도 구르는 재주가 있다 하지 않는가. 다 살아남을 방법을 가지고 있다는 말씀!

봄이나 초여름경, 달이 차 있을 때에 이들은 남들과 다른 이형 생식異型生殖, heterogenesis을 한다. 생식기가 되면 각 체절 안의 빈 곳에 알이나 정자가 들어차는데, 수컷의 몸은 정자로 인해 젖빛, 암컷은 알로 인해 짙은 녹색이 된다. 갑자기 옆다리(측지)가 커지면서 부풀어 오르면서 몸이 바닥에서 물 위로 떠올라 암수가 난자와 정자를 내뿜어 댄 다음에 죽어 버린다. 수정란은 물에 플랑크톤처럼 떠다니다가 자라면 바닥에 가라앉는다. 주로 모래펄이나 진흙이 많은 펄, 조개 양식장이나 해조류가 깔린 바다, 따개비에 붙어 사는 저서성이다.

염분 변화에 대한 내성이 강한 기수종으로 시화호가 담수호로 바뀌던 시기에 대량으로 번식한 적이 있다고 한다. 문절망둑, 가자미, 납자루 등의 낚시 미끼로 쓰인다. 주로 하천이 흐르는 하구나 내만內灣에 서식한다. 한국, 일본, 사할린 섬 등지에 분포한다. 참갯지렁이*Neanthes japonica*, clam worm 역시 앞의 갯지렁이와 같은 속屬에 속하는 종으로 비슷한 특징을 가진다. 몸은 갈색이고 몸길이 9~12센티미터, 너비 9~10밀리미터이며 체절은 91~108개이고, 주로 하구나 포구浦口의 안쪽 내만에 서식한다.

4) 바위털갯지렁이(*Marphysa sanguinea*, rock worm)

환형동물, 털갯지렁이목, 털갯지렁이과의 다모류로 몸길이 26~32센티미터의 대형종이다. 체절은 370~395개이고, 체색은 보호색으로 붉은 갈색을 띠어 진흙 바닥에 몰래 숨기에 알맞다. 머리 부위에 5개의 촉수가 있고 그 아래에 2개의 눈이 있으며 몸의 앞쪽은 원뿔 모양이지만 뒤로 갈수록 납작해진다. 암수의 성비는 1대 1에 가깝고, 암수 구별은 어렵다.

녀석들의 식성은 다양하여 육식성, 초식성, 잡식성인 것이 다 있다. 다른 무리처럼 암수가 떼를 지어 동시에 난자와 정자를 내뿜는 일이 없고, 젤라틴으로 싸인 수정란 덩어리에서 유생이 부화하여 2~3일 떠다니다가 바닥에 가라앉는다. 주로 개펄이나 조간대의 수심 50미터에 이르는 바닷가 바위틈에 살며 돔, 농어, 붕장어 등의 낚시 미끼로 쓴다. 미끼하면 갯지렁이니 다른 동물들이 얼마나 갯지렁이를 좋아하는지 알 것이다. 초여름인 4~6월에 3만 개 안팎의 알을 낳는다고 하며 미끼로 쓰기 위해 양식을 하기도 하는데, 양식지로는 간조선 근방의 패류 양식장 주위가 적합하다. 양식 먹이로는 식물성 플랑크톤이나 뱀장어 사료를 준다.

1마리가 3만 개의 알을 낳는다면 그리 많다고 여길 것이 아니지만, 만일 그것들이 다 새끼가 되고 모두 자라 성체가 된다면 분명히 개펄은 갯지렁이로 덮여 버리고 말 것이다. 다른 생물은 살지 못하고 오직 갯지렁이만 사는 세상이 된다. 그러나 걱정할 필요는 없다. 자라는 사이 물고기나 게, 새우, 물새들에게 먹혀 버려 개체 수가 줄고, 줄면 또 새끼들이 자라 보충하므로 단위 면적에 일정한 수가 언제나 머물러 살게 된다. 개체 수가 갑자기 늘거나 줄면 생태계의 균형에 문제가 생겼다고 야단이 난다. 만일 올해 1제곱미터의 갯벌에 100마리의 갯지렁이가 살아 그중 암컷 50마리가 알을 3만 개씩 낳았다면 내년에는 거기에 몇 마리의 갯지렁이가 살고 있을까? 내년에도 100마리가 살고 있는 것이 정상이다. 그러면 1제곱미터의 화단에 민들레가 30포기 산다. 한 포기에서 민들레 씨를 500개씩 만들었다면 내년에 거기에 민들레 몇 포기가 살고 있을까? 여전히 30포기가 사는 것과 같다. 이 종은 한국, 일본, 타이완, 오스트레일리아 등 세계적으로 온대 지역 해변에 널리 분포한다.

5) 치로리미갑갯지렁이(*Glycera chirori*, blood worm)

미갑갯지렁이과에 속하는 유재 다모류로 체장은 65밀리미터, 몸 너비는 5밀리미터로 아주 소형에 속하며, 체절은 210여 개이다. 몸 전체가 붉은색을 띠고, 긴 원통 모양이며 몸 뒤 끝부분으로 가면서 점차 가늘어진다. 약 마흔 번째 마디 부근의 너비가 제일 넓으며, 각 마디는 2개의 고리로 만들어져 있다. 입 앞마디는 짧고 작은 원뿔 모양인데 10개의 고리로 이루어져 있으며, 이 끝에는 4개의 짧은 더듬이를 갖는다. 곤봉棍棒 모양인 입주머니의 겉은 긴 원뿔 모양의 혹과 짧고 통통한 둥근 혹으로 덮여 있다. 입주머니 끝에는 4개의 검은 갈고리 모양 턱을 갖는다.

이와 비슷한 몇 종의 유영遊泳하는 갯지렁이는 아주 특이한 방법으로 번식한다. 갯벌 바로 아래 바다의 바닥에 살다가 다 자라서 생식기가 다가오면 몸 뒷부분에 생식선生殖腺이 발달하면서 불룩하게 부풀고, 앞쪽 머리 부위 반쯤은 원래 모양을 그대로 가지고 있지만(영양 개체로 'atoke'라 함) 뒤의 반 토막은 난자와 정자로 가득 찬 띠 모양의 마디가 여러 개 생겨난다. 뒤의 것들이(생식 개체로 'epitok'라 함) 용을 쓰고 주리를 틀어 두 동강이로 떨어져 나와 주억주억 물 표면으로 떠오른 다음 마디마다 터져서 난자와 정자를 쏟아낸다. 전쟁이나 다름없다. 동시에 수백만 마리의 갯지렁이가 우르르 몰려들어 동시에 산란하는데 티격태격

밀리고 치이면서 수정하니 난자와 정자가 바다 색깔을 바꾼다고 한다. 이 모습을 아비규환阿鼻叫喚이라 하기보다는 성스러운 푸닥거리, 아니면 드문 결혼 잔치라 하는 것이 옳을 듯하다. 씨를 받은 수정란受精卵은 유생이 되면 물에 떠다니는 플랑크톤을 먹고 자란 다음 바닥으로 가라앉는다. 떨어져 나가고 남은 부위는 재생하여 완전한 새로운 개체가 된다. 일본의 실갯지렁이 한 종도 비슷한 발생을 한다는데, 10~11월 초승달이나 보름달이 3~4일 지난 후, 야간 만조 시, 또는 일몰 1~2시간 후에 이렇게 성숙한 생식 체절이 떨어져 나가 난리(?)를 피운다고 한다. 달이 동물의 생식에 작용을 미친다는 예를 들 때 흔히 이 갯지렁이가 등장한다. 한국, 일본, 중국 등지에 분포한다.

6) 안점꽃갯지렁이(*Pseudopotamilla occelata*, fan worm)

한곳에 머무는 정재목定在目, Sedentaria 꽃갯지렁이과Sabellidae에 속하는 갯지렁이로 입 주위에 있는 2개의 엽葉, lobe에서 부채처럼 생긴 촉수들이 뻗어 나와 이것으로 호흡을 하고 섭식攝食하는 데도 쓴다. 꽃갯지렁이류는 자신이 분비한 점액으로 바다 바닥에 있는 진흙이나 모래알갱이를 반죽하여 길쭉한 서관을 짓고 그 속에 쏙 들어가서 산다. 이렇게 한자리에 딱 붙어살기에 '정재목'이라 이름 붙인 것인데, 먹이를 잡을 때는 관 밖으로 촉수를 내밀고 위험을 느끼면 재빨리 집어넣는다. 밖으로 내민 촉수의 색깔과 모양이 먼지떨이를 닮았다고나 할까, 무척 화려하다. 촉수에서 분비되는 점액으로 붙잡은 유기물이나 부유물을 먹는데, 이 먹이 덩어리들은 촉수 안에 섬모가 난 홈을 따라 입으로 들어간다. 옳거니, 꽃갯지렁이라는 이름은 물결에 따라 살랑살랑 흔들리는 촉수가 꽃잎을 닮았다 하여 붙여졌구나. 물 흐름에 촉수(아가미 깃털)를 맡기고 흐느적거리며 먹이 사냥을 하다가 발걸음 소리가 들리거나 조금이라도 이상한 낌새가 들면 벼락같이 몸통 속으로 깃털을 말아 넣는다. 갯지렁이하면 흙 속에 있는 줄 알았더니만, 드문 편이기는 하지만 이렇게 관 모양의 안전한 집을 짓고 사는 녀석도 있더라!

오징어, 문어처럼 몸이 물렁물렁한 연체동물

연체동물軟體動物, Mollusk은 말 그대로 '몸이 연한 동물'이다. 동물계動物界에서 절지동물문節肢動物門 다음으로 많은 종이 있는데 지금 살아 있는 현생 종現生種이 약 9만 3000종, 화석종化石種이 약 3만 5000종이나 되며 군부, 뿔조개, 달팽이, 조개, 오징어 등이 여기에 든다. 어패류라고 하면 어류와 패류, 즉 물고기와 조개나 고둥 무리를 묶어 부르는 말인데 우리의 식단에 가장 많이, 자주 오르는 것들로 단백질 공급원으로 그것들을 당할 것이 없다. 그런데 사람들이 어처구니없게도 어패류를 마냥 '생선'으로 여기는 경우가 많다.

한마디로 아주 다양한 동물군으로, 주로 바다에 살며 길이는 2밀리미터에서 18미터, 무게는 1그램에서 450킬로그램으로 다양하다. 가장 큰 동물은 대왕오징어Giant squid로, 무척추동물

중에서 가장 크다. 서식처 역시 다양해서 양 극지에서부터 열대 지방, 민물, 땅, 바다에 떠다니는 종에서부터 6000미터의 깊은 바닷속, 바위나 나무 속까지 연체동물이 살지 않는 곳은 없다.

껍데기가 두 장인 조개무리(이매패)를 제외하고는 죄다 치설齒舌이라는 연체동물에게만 있는 소화 기관을 갖고 있다. 치설은 조류나 해초들을 핥거나(혀 역할) 갉고 잘라(이빨 역할) 먹는 기관으로 종에 따라 그 모양, 크기, 구조들이 달라서 종을 분류하는 데 중요한 특징이 된다. 범인犯人을 잡거나 시체를 확인할 때 치아를 이용하더니만 어패류도 마찬가지인가. 오징어 등의 두족류나 민달팽이를 제외하고는 모두 겉에 딱딱한 껍데기를 갖는 것도 이 무리의 특징이라 하겠다. 딱딱한 껍데기 안의 내장을 둘러싼 얇은 막을 외투막外套膜이라 하는데, 허파 역할을 하는 경우도 있고 껍질을 만드는 일을 하기도 한다. 유생은 앞에서 설명한 환형동물의 것과 유사한 담륜자이고, 종류에 따라서는 피면자被面子 시기를 거치는 것도 있다. 배설 기관은 신관이며 물에 사는 것은 하나같이 아가미鰓로 호흡하지만 땅에 사는 육산패陸産貝는 공기 중의 산소를 얻어야 하기에 마땅히 외투막이 변한 허파肺 호흡을 한다.

연체동물의 체액에 들어 있는 헤모시아닌hemocyanin이라는 혈색소血色素 단백질은(사람이나 척추동물은 철분이 주성분인 헤모글로빈) 구리를 함유하고 있으며, 산소를 운반하는 일을 한다. 헤모시아닌은 산화酸化되면 연한 푸른빛을 띠며, 산소를 세포에 공급해 주고 나면 투명해진다. 이와 같은 성질 때문에 살아있는 오징어나 낙지의 눈은 약간 파란색을 띠게 된다. 그리고 오징어나 문어 등은 여러 가지 이유로 체색體色을 바꾼다. 드디어 필자의 전공이 바로 이 연체동물의 분류임을 밝혀 두는 것이 옳고, 『한국동식물도감』 제 32권과 70여 편의 논문을 썼다는 것도 기어이 슬쩍 끼워 넣는다.

연체동물문을 7개의 강으로 나누니 그들의 특징을 간단히 기술한다.

● **무판강(無板綱, aplacophora)** 연체동물 중에서 가장 하등한 무리로 벌레 꼴이다. 껍데기는 이름처럼 '판이 없으며' 딱딱한 큐티클이고 눈이나 촉각이 없다. '참가시벌레'가 그 대표종이다.

● **단판강(單板綱, monoplacophora)** 껍질은 1장으로 삿갓 모양을 하며, 멸종된 것으로 알았으나 코스타리카에서 1952년에 새로 발견되었다. 네오필리나 유잉Neopilina ewingi 등 10여 종이 있다.

● **다판강(多板綱, polyplacophora)** '군부chiton' 무리를 말한다.

껍데기는 8장이며 발은 아주 넓고 눈이나 촉각은 없다. 다른 무리보다 치설이 더 발달하였다. 간조선 바로 아래에 아주 많이 서식한다.

- 굴족강(掘足綱, scaphopoda) '뿔조개' 무리로 모양이 상아象牙를 닮았으며 머리가 발달하지 못 하였고, 아가미가 없어 호흡을 외투막에서 한다. 간조선 아래 바닷물 속의 진흙이나 모래를 '발로 파고들며(掘足)' 끝 부분만 밖에 내놓는다.

- 복족강(腹足綱, gastropoda) '고둥무리'를 말하는 것으로, 다양하고 종 수도 많아 연체동물 전체의 약 80퍼센트를 차지한다. 탄산칼슘이 주성분인 패각貝殼이 하나로 나선형螺旋形으로 뒤틀려 꼬이는데, 꼬이는 형태는 따리 모양, 원뿔 모양 등으로 역시 다양하다. '발이 배 아래에 있어(腹足)' 그것으로 운동한다.

- 부족강(斧足綱, Pelecypoda)/이매패강(二枚貝綱, bivalvia) 보통 '조개'라는 것으로 '발이 도끼를 닮았다(斧足)'하여 부족이라 하고 껍데기가 2장이기에 '이매패二枚貝'라 한다. 도끼 모양의 발은 바닥을 파고 들어가거나 이동할 때 쓴다. 복족류 다음으로 종수가 많으며 연체동물 중 유일하게 치설이 없다. 대신 아가미로 먹이를 걸러 먹는 여과 섭식濾過攝食을 하며, 그때 물이 들어가는 관을 입수공incurrent siphon, 물이 나가는

관을 출수공excurrent siphon이라 한다. 두 껍데기를 꽉 닫게 하는 폐각근閉殼筋과 열게 하는 인대靭帶가 두 껍데기 사이의 바깥쪽에 있다.

● **두족강(頭足綱, cephalopoda)** '오징어나 문어'들을 말한다. 문어나 낙지는 껍데기가 없어졌지만 오징어squid나 갑오징어cuttlefish는 퇴화한 패각이 몸 안으로 들어갔다. 특별히 앵무조개는 겉에 껍데기가 있다. '머리에 발'이 붙었다 하여 '頭足'이라 하며 발이 10개인 십완목十腕目, decapod과 8개인 팔완목八腕目, octopus으로 크게 나눌 수 있는데, 십완목인 것들은 2개의 긴 팔(촉수)이 있으니 그것으로 먹이를 잡거나 교미할 때 쓴다. 어느 회사의 과자 중에 '오징어땅콩'이라는 것이 있는데 거기에 영어로 덧붙이기를 'cuttlefish peanut'이라고 해 놨었다. 'squid peanut'으로 하던지 '갑오징어땅콩'으로 하는 것이 옳다고 생각했는데 새로 과자 봉지를 만들면서 다행스럽게 그 영어가 빠지고 없음을 확인하였다. 웃자고 하는 소리만은 아니다. 오죽하면 '번역은 반역反逆'이라는 말이 생겼겠는가. 제아무리 번역을 잘해도 저자의 의도를 그대로 독자에게 전달하기 어렵기에 말이다. 그러니 어느 분야나 정확하게, 틀리지 않게 해야 할 것이다.

분류는 이 정도로 하고 갯벌에 사는 해산 연체동물의 글을 읽으면서 참고해야 할 난해한 생물학 용어를 몇 가지 정리하였다.

- 각구(殼口) 다른 동물의 '입'에 해당하는 부위로 대부분 입을 막는 뚜껑개, 蓋이 있다.
- 각정(殼頂) 껍데기패각, 貝殼가 처음 자라기 시작한 제일 끝(각구의 반대편 꼭지) 부위이다.
- 각피(殼皮) 껍데기의 겉껍질로 늙으면 벗겨지는 수가 있다.
- 결절(結節) 껍데기에 나 있는 오돌오돌한 작은 혹과립, 顆粒 모양의 돌기이다.
- 나륵(螺肋) 복족류의 껍데기에 돋아나는 굵은 고리의 돌기이다.
- 나층(螺層) 복족류는 껍데기가 돌돌 말리는데, 각구에서 시작하여 생긴 처음 한 층을 체층體層이라 하고, 다음 것을 차체층次體層 등으로 부르는데, 이들 모든 층을 모아 나층이라 한다.
- 나탑(螺塔) 각정에서 각구까지를 말하며, 그 세로 길이를 각고殼高, 가로로 최대 길이를 각폭殼幅, 너비 또는 각경殼徑이라 한다. 이매패에서는 조개의 앞에서 뒤까지 길이를 각장殼長, 아래 위의 높이를 각고殼高, 두 껍데기의 너비를 각폭殼幅이라 한다.
- 뚜껑(개, 蓋) 둥그런 각구를 막아 몸을 보호하는 것으로 키틴질 또는 석회질로 되어 있다.
- 방사륵(放射肋) 나륵이 복족류에 생기는 고리 돌기라면, 방사륵은 이매패의 껍데기에 생기는 고리로, 흔히 성장맥成長脈 또는 윤맥輪脈이라 부르기도 한다.
- 우권(右券) 각정부에서 내려다보아 나층의 꼬인 방향이 시계 방향이면 우권, 시계 반대 방향이면 좌권이라 한다.
- 인대(靭帶) 이매패에서 두 장의 조개껍데기를 이어 주는 질기고 탄력

있는 딱딱한 것으로 조개껍데기를 열게 한다. 반대로 조개의 안쪽 껍질에 붙어 있는 폐각근閉殼筋은 조개를 닫게 한다. 조개를 삶아 살을 빼 먹고 나면 조개가 입을 열고 있으니 인대의 힘이다. 그 두 껍질을 손가락으로 눌렀다 뗐다 해 보면 바로 딱, 딱, 딱, 캐스터네츠가 된다! 손가방에서 가방을 걸어 잠그는 것은 폐각근이고, 열리게 하는 것은 인대다. 흔히 007가방이라고 부르는 아타셰케이스attache case는 조개를 모방한 것! 과학은 필요의 산물이요, 자연을 모방模倣, 흉내 내지 않은 것이 없다.

- 입수공(入水孔) 조개에서 물이 몸으로 들어가는 관으로, 입수공 쪽이 조개의 뒤이고 반대쪽 입 있는 곳이 앞이다. 아래에 있는 것이 입수공이고 위의 수관水管이 출수공이다.
- 치설(齒舌) 연체동물만이 갖는 특유한 기관으로 이매패를 제외한 모든 연체동물이 다 갖는 먹이 섭취 기관이다. 탄산칼슘이 주성분이며, 풀이나 조류藻類들을 자르고, 핥고, 뜯고, 모으는 일을 한다.
- 태각(胎殼) 이매패에서 주로 쓰는 용어로 제일 먼저 만들어진 껍질 부위이다.
- 폐각근(閉殼筋) 조개껍데기를 서로 달라붙게 하는 닫힘 근육으로 앞뒤로 2개가 있고, 살아 있는 조개는 칼로 이것을 잘라야 열리는데 물에 삶으면 이 근육이 힘을 잃어 껍질이 저절로 열린다. 키조개나 가리비의 패주貝柱라는 부드럽고 쫄깃쫄깃한 살이 바로 이것이다.

그러면 개펄에 터 잡고 살아온, 또 연년세세 살아갈 대표적인 연체동물 몇 종을 살펴본다. 먼저 복족류들을 보고 다음에 부족류를 살핀다.

1) 총알고둥(*Littorina brevicula*, periwinkle)

연체동물의 중복족목中腹足目, Gastropoda, 총알고둥과의 고둥 무리로 쉽게 말하면 복족류腹足類, gastropoda에 속한다. 우리나라에는 두드럭총알고둥, 좁쌀무늬총알고둥 등 6종이 있으며, 야물고 대부분 까맣고 동그란 것이 이름처럼 산탄 총알을 닮았다. 동식물의 우리말 이름 속에 그 생물의 특징이 고스란히 들어 있으니 요모조모 따져 보는 것이 옳다. 학명도 그러하다. 햇볕 때문에 뜨거워진 바위, 그것도 갯벌에서도 멀찌감치 있는 바위에 바위색을 띤 녀석들이 띄엄띄엄 붙어 있으니 한번은 다들 놀라 자빠진다. 저 독한 생물! 어찌 저렇게 따갑고 메마른 자리에 살고 있을까? 가늠하기 어려운 일이다. 아무튼 우리나라 어느 바다에 가더라도 제일 먼저 여러분을 즐겁게 맞이하는 동물이 총알고둥이다.

총알고둥은 크기는 조그만 것이 껍질은 두껍고 쇠처럼 딱딱하며, 둥그렇고 질긴 뚜껑이 각구를 틀어막고 있어 더위나 추위, 건조를 견딘다. 둥근얼룩총알고둥은 물과 관계없이, 숫제 땅에 살며 난태생을 한다. 총알고둥, 좁쌀무늬총알고둥, 둥근얼룩총알고둥 순서로 육지 가까운 곳에 분포한다. 총알고둥은 고조간대高潮間帶, 조간대의 가장 위쪽의 바위나 돌에 무리 지어 살며 바위 웅덩이에도 잔뜩 모여 산다. 한 군집群集의 총알고둥은 겨울이 오면 일부는 제자리에 머물러 살고, 다른 한 무리는 더 따뜻한 바다 쪽으로 이동한다고 한다. 이것은 유전적으로 결정된다고 보는데, 두 부류 간에 서로 교미를 하는 것으로 보아 같은 종이면서 행동은 다르게 하는 아종亞種으로 본다. 따라서 총알고둥의 행동은 좋은 연구 대상이다.

또 이것들은 바로 바닷가에서 살기에 기름, 농약, 페인트 등 오염 물질이나 중금속에 생물이 죽지 않고 얼마나 잘 견디는지 알려 주는 실마리가 되며, 총알고둥 몸에 든 여러 물질을 분석하여 바다의 건강 정도를 간접적으로 측정하는 자료로 쓰기도 한다. '동냥은 못 줄 망정 바가지는 깨지 말아야' 할 터, 바다에 도움은 주지 못하더라도 제발 해를 끼치는 일은 삼갈 일이다. 가까스로 살아가는 바다인데 말이다.

체층이 매우 크고, 체층에는 3개, 나층에는 2개씩 뚜렷한 나륵이 나 있다. 낮은 원뿔형인 나탑은 체층에 흰 띠를 갖거나 검은색, 갈색, 녹색을 띠는 것 등 색이나 크기, 형태에 다양한 변이變異가 있다. 앞에서 말했지만 건조에 대한 내성이 강하고 공해에도 잘 견디는 편이다. 큰 것은 식용하니 그 맛이 민물의 다슬기 맛에 버금가는데, 물 80퍼센트, 단백질 15퍼센트, 지방 1.4퍼센트로 되어 있다. 하여, 유럽에서는 우리네 번데기 팔 듯이 삶은 총알고둥을 종이봉투에 넣어 팔기도 했다고 한다. 게다가 그들은 총알고둥을 잡아 으깨어서 물고기 잡는 미끼로 쓰기도 한다고 하니 그들과 우리가 사는 게 별 다르지 않다. 우리보다 머리가 먼저 틔여 과학 문명을 일찍 누린 것일 뿐, 오랜 옛날 원시 시대에는 우리나 그들이나 대차 없이 옹색한 삶을 살았던 것.

각구 안은 짙은 보라색이고 크기는 껍데기 높이가 1.6센티미터, 지름이 1.6센티미터로 둥근꼴을 한다. 암컷은 각질角質의 캡슐에 든 1만 개의 알을 낳는데, 어미를 닮은 꼬마 유패幼貝가 부화하여(이런 것을 '직접 발생'이라 함) 바닥에 내려앉는다. 어떤 것은 어린 개체를 주머니 안에 넣어서 키우기도 한다. 1년 내내 산란하며 수명은 5~10년으로 추정한다. 원칙적으로 바위나 돌에 붙은, 또 진흙 위를 골마지간장이나 술, 김치 위에 피는 하얀 곰팡이 막처럼 얇게 덮고 있는 조류를 치설로 갉고, 핥아 먹지만 따개비의 유생 같은 것을 먹기도 한다. 총알고둥과에 속하는 모든 종은 많은 섭금류涉禽類, waders, 황새목·두루미목처럼 긴 다리를 가진 무리의 먹이로서 매우 중요하다. 하나 더, 여름에는 채집한 고둥 무리가 쉽게 부패하기 때문에 빨리 표본으로 만들어야 한다. 참고로 액침 표본을 만들 때는 2~10퍼센트의 중성 포르말린 용액이나 70퍼센트의 알코올에 넣어 고정한다. 이 무리는 한국, 일본, 중국, 필리핀 등지에 분포한다.

2) 소라(*Batillus cornutus*, spiny turban shell)

삼다도라 제주에는 돌멩이도 많은데
발 부리에 걷어챈 사랑은 없다더냐
달빛이 새어드는 연자방앗간
밤새워 들려오는 콧노래가 구성지다
음~ 콧노래 구성지다

삼다도라 제주에는 아가씨도 많은데
바닷물에 씻은 살결 옥같이 희었구나
미역을 따오리까 소라를 딸까
비바리 하소연에 물결 속에 꺼져가네
음~ 물결에 꺼져가네

'삼다도 소식'이라는 노래 가사다. 제주도는 돌, 바람, 여자가 많다 하여 삼다도三多島라 한다. 제주의 천연덕스런 해녀, 살가운 비바리처녀들의 애절한 노래가 나지막이 들리는 듯! 필자도 흥얼거리면서 제법 이 노래를 따라 부른다. 제주도에는 소라가 산다. 소라가 사는 곳은 물론 '개펄'이 아니다. 남쪽 제주도엔 진흙개펄이 거의 없고 대부분 모래개펄인데, 그 아래 가까운 곳에 소라가 살기에 여기에 넣었다.

소라는 복족류의 소라과 연체동물로 높이 10센티미터, 너비가 약 8센티미터이고, 거친 껍데기는 아주 두껍고 야무지다.

나탑은 원뿔형이고 나층은 7층이며, 체층에는 5줄 내외의 굵고 낮은 나륵이 있다. 나층에는 뿔이나 관管, tube 모양의 돌기가 여남은 개 내외로 불거져 나 있다. 학명 'Batillus cornutus'에서 'Batillus'는 '물레방아'를 의미하고 'cornutus'는 '뿔'을 뜻하며, 영어 이름 'spiny turban shell'이란 '뿔난, 돌돌 꼬인 고둥'이라는 뜻이다. 신기하게도 푸른 파도가 심하게 몰아치는 곳에 사는 개체들은 관상돌기管狀突起가 삐죽삐죽 솟아나 있는 유극형有棘形으로 그 돌기를 어딘가에 척 하니 걸어서 멀리 쓸려 가지 않으나 파도가 약한 곳에 사는 개체들은 이 돌기가 숫제 없는 무극형無棘形이다. 파도가 있고 없고를 어찌 알고 뿔이 생기고 안 생기고 하는 것일까!? "타고난 대로 산다."고 하지만 실은 "핍박 받을수록 더욱 저항한다." 환경이 좋지 않으면 그것을 이기려 드세게 달려드는 것이 생물이다.

"소라 껍질로 바닷물 되기다."란 안 될 것을 알면서도 어리석게 하는 사람을 비유한 것이다. 소라의 어원은 소라小螺에 있는 듯하다. '적을 소' '소라 라', 직역하면 '작은 소라'가 된다. 바다에 나는 소라라는 뜻으로 해라海螺, 뿔이 났다고 각라角螺 등으로 불리며 어릴 때는 껍질이 적갈색이라 '주라朱螺'라 부르기도 한다. 실제로 우리나라에 사는 소라 무리는 소라, 잔뿔소라, 납작소라, 월계관납작소라 등 4종이 있다.

껍데기는 은은한 암청색이고 입은 둥글며, 바깥 겉껍질은 얇고 안은 은백색으로 진주 광택이 난다. 꼭 눈알처럼 생긴 둥그런 뚜껑은 석회질로 매우 두꺼우며, 바깥은 부풀어서 돌돌 감긴 돌기선이 있고, 작은 가시가 촘촘히 나 있다. 야행성이며 갈조류 따위의 해초를 먹는다. 암수딴몸이며, 겉모양으로 암컷과 수컷을 구분하지 못한다. 단 내장을 들어내 보면 식별이 가능한데, 꼭대기 나층 부위에 들어 있는 생식소生殖巢, gonad, 난소와 정소를 묶어 부르는 말의 색깔이 황백색이면 수컷, 녹색이면 암컷이다. 5~8월 사이가 산란 기간인데, 암컷이 0.2밀리미터 크기의 녹색 알을 낳으면 수컷들이 금세 알아차리고 가까이 다가가 정자를 뿌린다. 수정란은 자라 어미 꼴을 닮고, 3년 가까이 자라면 성패成貝가 된다.

소라가 사는 곳은 바닷가에서 아주 멀지 않은 곳이다. 간조선干潮線 근방 수심 20미터쯤의 암초暗礁, 물에 잠긴 바위에 산다. 이렇게 깊은 곳에 서식하기에 잡기 어렵고 해녀가 들어가 손으로 잡아야 한다. 때문에 소라의 살 맛은 해녀의 손맛인 셈이다.

버릴 게 하나도 없는 소라다! 껍데기는 조개 세공細工이나 단추의 재료가 되며, 살은 식용하는데 값이 비싸다. 소라의 본토本土 제주 바닷가에서 떡 하니 소주 한잔 걸치고 나서 살짝 익힌 소라 몸살을 초고추장에 턱 찍어 한입 씹는 맛이라니! '진흙 같은 내 마음에 깊이 박힌 그 맛'이렷다.

'소라게'는 바로 죽은 고둥 껍데기를 집으로 삼고 살아가는 게를 말하고, 흔히 '집게'라 부르는 것이다. 참고로 흔히 이르는 옷감의 '소라색'은 이 소라의 색이 아니고, '소라そら'라는 일본어인데 '하늘'이라는 뜻으로 소라색은 곧 하늘색이다. 얼마나 일본어가 무섭게 침투해 있는지를 보여 주는 예다. 언어는 그 나라의 혼일진대….

어릴 때부터 애오라지 바다를 텃밭 삼아 자맥질로 미역과 소라를 따는 해녀, 물할망들. 낙엽처럼 서럽고 바람처럼 외로운 여인네들! 예전에 여자가 많았던 까닭을 알고 보면 더욱 그렇다. 뱃일 하는 남자들이 바다에 나가서 다 죽고 돌아오는 이 거의 없으니 여자가 일을 도맡아 했다. "쓸쓸하지만 아름답다."는 말은 이럴 때 쓰는 것일까. 억척스레 사는 모습이 가없이 아름다워 하는 말이다. 푸~ 휴~! 고래 숨소리를 닮은 그들의 거친 휘파람 소리가 아련히 들려온다. 소라는 한국 남부 연안, 일본 남부 연안에 주로 산다.

3) 나팔고둥(*Charonia lampas sauliae*, triton shell)

수염고둥과의 대형 복족류로 우리나라에는 '나팔고둥'과 '담색나팔고둥*C. lampas macilenta*' 두 종이 있는데 학자에 따라서 뒤의 것은 하나의 변종變種으로 보기도 한다. '나팔고둥'은 속명을 'Charonia'로 썼으나 '담색나팔고둥'에서는 'C.'자만 쓴 것이 이상하지 않는가. 그렇다, 속명은 처음에는 모두 다 써 주고 두 번째부터는 약자로 쓰기로 약속했기 때문이다.

나팔고둥의 패각은 원뿔 모양이며 나층은 8층이다. 껍데기는 아주 딱딱하고 황백색 바탕에 적갈색 무늬가 불규칙하게 퍼져 있다. 체층은 아주 불룩하게 크며 타원형의 입은 둥근 키틴질의 뚜껑이 막고 있다. 껍데기 속으로 들어가는 아가리의 안쪽 면은 흰색이고 주둥이에서 바깥쪽으로 나와 있는 입술은 두꺼우면서 나팔의 입처럼 벌어져 있다. 수심 20∼30미터의 암초巖礁 지대에 주로 살며, 높이 220밀리미터, 너비 95밀리미터에 달하고, 제주도를 중심으로 주로 아마득한 남해안에 산다. 역시 개펄 종이 아니지만 귀한 종이라 여기에 실었다. 환경부에서 멸종위기야생종 1급으로 분류해 놓았을 정도로 그 수가 줄어들어 드물게 되었다.

나팔고둥은 육식하는 종으로 다른 연체동물인 조개나 고둥을 잡아먹고 살 뿐더러 세상에 무서운 것이 없는 바다 밑 주인인 불가사리의 목숨앗이다. 동물이나 사람이나 육식성인 것은 초식성인 동물과 견주어 사뭇 공격적이고 냉혹하며 잔인하다. 불가사리를 '죽이기 어렵다'는 뜻의 '不可殺伊'로 쓰니, 그것은 취음取音, 원래 한자어가 아닌 낱말을 소리가 비슷한 한자를 써서 표기하는 방법이다. 그런데 나팔고둥은 '바다의 정글'이라 부르는 산호초珊瑚礁를 뜯어 먹어 원성怨聲 자자한 '악마불가사리crown-of-thorns'라는 골칫거리 불가사리를 잡아먹는다. 그러니 해양 생태계에서 착한 축에 들어 상찬賞讚을 받을 만하다. 나팔고둥과 불가사리의 싸움은 한 시간 넘게 이어지는 수가 있는데, 종국終局에는 고둥이 무서운 독毒을 불가사리에 쏟아 부어 가까스로 죽인다. 고양이가 쥐 한 마리를 잡는 데도 온 힘을 다 쏟는다는 것을 우리는 안다. 불가사리를 붙잡은 나팔고둥은 머뭇거림 없이 껍질에 치설로 구멍을 내고 타액唾液, 독을 집어넣어 마비시켜 생식소나 내장을 먹어치운다.

세계적으로 우리나라 말고도 일본, 필리핀 등 온대성과 열대성 바다에 살며 암수딴몸로 체내 수정을 한다. 암컷은 캡슐 모양의 알을 덩어리로 낳으며 부화된 유생은 약 3개월간 플랑크톤 생활을 하다가 어린 종패가 된다. 나팔고둥은 식용과 공예품으로 애용되어 왔을 뿐만 아니라, 패류 수집가들에게 사랑을 받는다. 그런 탓에 스스로 남획濫獲의 불씨를 제공한 것이다. 아뿔싸, 가인박명佳人薄命이라.

예전엔 나팔고둥의 각정 부위를 조금 자르거나 구멍을 크게 뚫어서 거기에 입을 대고 불어 부~웅 하고 소리를 냈으니 트럼

펫의 대용으로 썼다. '나팔'의 어원은 산스크리트 어의 'rappa'에서 온 것으로 "입을 크게 벌린다."는 뜻이 있으며, 그것을 중국에서 나팔喇叭이라고 번역하였다고 한다. 나팔고둥을 영어로는 'triton shell'이라 부르는데, 티라이톤Triton은 그리스 신화에서 '바다의 신'인 포세이돈Poseidon, 로마 신화의 Neptune에 해당의 아들 이름에서 따온 것이라 한다. 하여, 포세이돈이 나팔고둥을 들고 있는 그림이 더러 있다. 멀리 갈 것 없이 경복궁 수문장 교대식의 취악대吹樂隊 중에 입 넓은 나팔고둥을 물고 뿌~ 뿌~ 소리를 내는 이를 만날 수 있다.

한편 지구를 떠날 채비를 하고 있는 생물이 또한 나팔고둥이다. 어쩌면 좋은가? 자연은 사람이 아무 필요가 없지만, 또는 되레 없는 것이 좋지만, 사람은 자연 없이는 못 산다. 자연은 분기충천憤氣衝天한데 멍청한 사람들은 제 죽는 줄도 모르고 자연에 손을 대니 큰 탈이다.

4) 큰구슬우렁이(*Neverita(Glossaulax) didyma*, moon snail)

구슬우렁이 무리는 연체동물, 복족강, 중복족목, 구슬우렁이과Naicidae에 속하고, 조간대에서 수심 10미터 가까이의 진흙과 모래가 섞인 곳에 산다. 자기와 아주 가까운 유전 인자를 가져 사촌뻘 되는 이매패나 복족류의 껍질에 구멍을 뚫어 잡아먹는 특성을 가진 육식성 패류로 조개 양식장을 망치는 해적 생물害敵生物이다. 좀 떨떠름하구나, 고둥이 고둥을 잡아먹는다!?

덧붙여서 이렇게 다른 고둥이나 조개를 잡아먹고 사는 고둥이 더 있으니 '피뿔고둥'을 포함하는 뿔소라과Muricidae 16종, '물레고둥'이 속하는 물레고둥과Buccinidae, whelk의 41종, 이야기의 주인공인 구슬우렁이과의 '큰구슬우렁이', '갯우렁이' 등 16종이 그것이다. 급하면 형제자매끼리도 다짜고짜 공격을 한다니, 먹고 먹힘의 '정글'이 어찌 바다엔들 없을까. 민물고기 중 육식하는 꺽지나 쏘가리가 비린내가 나지 않듯이 이들 고둥 무리들도 살에 비린내가 거의 없다.

큰구슬우렁이의 학명 'Neverita(Glossaulax) didyma'에서 괄호 속의 'Glossaulax'는 아속亞屬을 의미하고, 보통 이름인 'moon snail'은 껍데기가 달처럼 둥그스름하다는 뜻을 갖고 있다. 대신 우리는 '구슬'을 닮았다고 이름 붙였는데, 이것들 중에 좀 펑퍼짐한 것은 '달'을 닮았고 길쭉한 것은 '구슬'을 닮았으니 어떻게 봤느냐에 차이가 있을 뿐 비슷하다. 껍데기는 매우 두꺼워 쉽게 깨지지 않으며, 높이 34밀리미터, 너비 71밀리미터 정도로 높이가 너비에 비해 낮다. 총 5개의 나층이고, 가장 아래층인 체층이 거의 전체를 차지한다. 각정인 태각은 아주 작고 검으며, 우렁이 패각 표면은 매끈하고 광택이 나며 담황색이거나 갈색이다. 각구는 둥그스름한데, 발은 아주 넓어 다른 패류를 거머쥐고 입안의 치설로 그것들의 껍데기를 긁고, 갉고, 문지르고, 입에서 산酸을 분비하여 녹인다. 껍데기의 주성분인 탄산칼슘이 산에 녹기 때문이다. 우리나라 전 해안에 널리 서식하며, 7~10월경에 바다 밑에 낳은 알주머니가 모래갯벌 곳곳에 밀려와 널려 있는 것을 볼 수 있다. 애면글면 모래와 침(점액)을 버무려 알주머니 안에 알을 넣어 놨는데, 아주 딱딱한 것이 한복의 동정을 닮았다 하여 'sand collar'라 부르며, 거기에서 알이 부화하여 어미를 닮은 꼬맹이들이 나온다. 주로 통발에 생선 따위의 고기 미끼를 넣어 잡으며, 살은 맛이 좋아 무쳐 먹거나 찌개, 해물탕 등에 넣는다. 야행성이며, 세계적으로 아주 사치스러운 것에서 소박한 색깔을 한 것까지, 아주 작은 것에서 매우 큰 것까지 300여 종이 있다 한다. 한국, 일본, 중국, 인도양, 태평양 등 세계적으로 분포한다.

갯우렁이*Lunatia fortunei*는 같은 복족류인 구슬우렁이과에 들면서도 민물에 사는 논우렁이를 많이 닮았다. 내 주관으로는 예쁘기로 따지면 갯우렁이가 구슬우렁이의 깜냥이 되지 못한다. 나탑이 높고 길쭉하며, 나층과 나층 사이가 깊은 편이다. 껍질은 회갈색이고 각정부는 검다. 입을 틀어막고 있는 뚜껑은 딱딱한 각질로 타원형이다. 다른 무리와 마찬가지로 둥그런 동정 모양의 알을 알주머니에 낳고, 역시 육식을 하는지라 다른 조개에 구멍을 숭숭 뚫어 잡아먹어 패류 양식업에 큰 타격을 준다. 특히 서남해안에서 반지락을 주로 잡아먹는다. 썰물 뒤에 개펄의 얕은 물길 근방에 진흙을 잔뜩 뒤집어쓰고 다소곳이 물 들기를 기다린다.

그런데 이놈들은 괴이하게도 이매패인 반지락의 오른쪽보다는 왼쪽 껍데기에 주로 구멍을 낸다고 한다. 조개껍데기에 무슨 좌우가 있을까? 조개 발足이 나오는 쪽이 앞이고 입수관과 출수관出水管이 있는 쪽이 뒤이다. 그래서 조개의 앞을 자기 몸쪽에 두고(수관을 뒤로 멀리 두고) 보아 왼쪽의 것이 좌각左殼이고 오른쪽 것이 우각右殼이다. 끝으로 '우렁이'와 '고둥'은 서로 걸맞게 통하는 말이다.

5) 갯고둥(*Batilaria multiformis*, mud creeper)

예나 지금이나 아이들은 모름지기 신나게 놀아야 하고, 싫증나지 않는 군것질로 영양 보충을 해야 한다. 요새는 아이스크림이나 초콜릿에다 과자, 사탕 등 주전부리감이 흔하지만, 옛날엔 그렇지 못했다. 추운 한겨울 먹을거리라야 고작 홍시나 곶감, 삶은 고구마나 감자, 배추 뿌리나 무 정도지만 재수 좋아 뻥튀기 아저씨가 오는 날에는 쌀로 튀긴 구수하고 달콤한 쌀 튀밥, 강냉이 튀밥, 떡국 튀밥을 얻어먹는다. 지금은 몸에 해롭다 하여 잘 쓰지 않는 합성 감미료 사카린을 튀김 철통에 넣었기에 오랜만에 달착지근한 맛을 볼 수 있다. 금석지감今昔之感이라는 단어가 참 어울린다고나 할까. 어린 시절의 애환은 누구나 한 아름씩 가지고 있는 귀중한 보물이다. 옛 생각에 손길은 덧없이 책장을 넘기건만 눈길은 하염없이 창밖을 헤맨다.

　외진 골목, 큰 전봇대를 끼고 앉은 '달고나' 할머니 둘레에 땟국이 꾀죄죄하게 흐르는 꼬마들이 무르팍에 두 팔을 괴어 웅크리고 앉았다. 연탄 불판 위에는 설탕과 소다를 섞어 고소하고 달콤하기 그지없는 '뽑기' 가 보글거리고, 밑에는 김이 모락모락 나는 '뻔(누에나방이의 번데기)', 그리고 그 옆 양푼에는 한가득 삶은 거무스레 희끄무레한 갯고둥이 고봉高捧, 곡식이나 밥 따위를 그릇의 위로 수북하게 높이 담는 것이다. 허참, 나이답지 않게 단침이 돈다. 그런데 할머니 오지랖에 웬 렌치(wrench, spanner, '뺀' 이라 불렸음)가 있단 말인가. 그것으로 이미 할머니는 갯고둥 꽁지 끝을 톡! 톡! 다 따 놓았다. 껍데기 아래 넓적하게 열린 쪽에 입을 대고 힘주어 쭉쭉 빨면 속살이 입심에 후룩! 쑤욱 빠져나온다. 출출한 터에 짭조름하고 고소하면서 달디단 환상적인 맛! 평생 잊지 못한다. 그 할머니는 분명 저승에 계시겠지? 훌쩍훌쩍 콧물 줄줄 흘리면서도 저 멀리 남서해안 갯벌에서 냅다 달려온 단백질에

넋이 홀딱 빠진다. 나잇값을 해야 하는데, 다 늙은 이 사람도 글을 쓰면서 군침이 도는 것은 각인刻印되었던 '조건 반사 중추'가 여태 녹슬지 않고 성성하게 남아도는 탓이겠다. 고급스런 단백질에다 술 마신 간肝에 좋다는 타우린도 그득 들었으니…. 짭짤한 소금기가 돌면서 달콤한 맛이 들어 혓바닥을 사로잡는다. 깊게 음미吟味해 볼만한 것으로 "숟가락, 젓가락이 음식맛을 모른다."는 말이 있다. 당분에다 단백질, 지방 어느 하나 부족치 않은 것이 없는 시절이라 간식거리로 으뜸이었던 갯고둥! 사무치게 궁한 시절의 한 토막 '꿀맛' 이야기를 했다.

갯고둥은 중복족목 갯고둥과의 연체동물로 갯물이 멀찌감치 나가고 나면, 여름엔 뜨거워 마르고 겨울엔 추워 얼어 터진다. 푹푹 찌는 여름이나 율연慄然, 두려워 떪한 겨울 추위에 물 빠진 동안의 긴 시간을 견뎌 내기 위해 고둥들은 떼거리로 축축하고 으슥하며 그늘진 곳(겨울엔 햇살 잘 드는 움푹 파인 곳)으로 기어서 모여든다. 영어 이름인 'mud creeper'는 '진흙에 기는 녀석'이라는 뜻이다. 들끓는다는 말이 옳다. 하나하나 주워 담을 것 없이 그냥 쓸어 담으면 된다. 노다지가 따로 없다.

갯고둥은 언뜻 보면 강바닥에 사는 다슬기를 닮았다. 아니 다슬기가 갯고둥을 본떴다. 생명은 애초 바다에서 생겨나 뭍으로 바로 올라간 것이 있는가 하면 강을 거슬러 올라와 땅으로 올라간 것도 있다 하니, 갯고둥 일부가 강으로 슬슬 기어온 것이 다슬기일 터이다. 둘은 너무 닮았다! 물고기도 바다의 것과 민물의 것이 빼닮은 경우가 흔하지 않던가. 지금까지 이야기 한 갯고둥은 우리나라 갯벌에 서식하는 8종을 통틀어 말했다고 보면 되겠고, 대표적인 것이 갯고둥, 갯비틀이고둥, 댕가리 들이다.

이것들은 진흙과 모래가 섞인 조간대 가까운 곳에 산다. 껍데기는 긴 원뿔형이며 길이는 약 3센티미터, 너비는 1.3센티미터로 패각은 매우 두껍고 단단하다. 나층은 8층이고 봉합은 밋밋하며, 입을 막는 뚜껑은 원형으로 얇고 갈색이다. 다슬기(지역에 따라 달팽이, 소래고둥, 골뱅이, 올갱이로 부름)와 다르지 않다. 서식 환경에 따라 변이가 심하고, 잡식성으로 치설을 써서 해초를 뜯어 먹고 산다.

갯고둥과 아주 비슷한 댕가리B. cumingii는 크기가 갯고둥보다 조금 작은데, 체층도 작아 전체적으로 길쭉하고, 각구 역시 작으며 봉합부에 흰 띠를 가진다. 그런데 갯고둥과 댕가리의 분포를 날밤을 새며 비교 연구해 보니, 댕가리는 갯고둥보다 조간대 위쪽의 염전이나 수로 등지에 살아서 민물의 영향을 많이 받는데, 갯고둥은 조간대의 아래 짠 곳에 주로 살아 썩 비슷한 두 고둥이 이렇게 분서分棲하더라! 서식 장소를 스스럽게 나눠 살기 때문에 먹이 경쟁을 피할 수 있는 것이다. 하등, 고등 따질 것 없이 넓은 공간이 있으면 이에 따라 풍부한 먹이를 얻을 수 있어서 자손을 더 많이 남길 수 있는 것이다. 건듯 부는 봄바람 같은 한 살이…, 생물들이 사는 목적은 더 많은 후손을 남기는 데 있더 라! 갯고둥은 한국, 일본, 타이완, 중국 등지에 분포한다.

6) 왕좁쌀무늬고둥(*Reticunassa festiva*, dog whelk)

신복족목新腹足目, Neogastropoda 좁쌀무늬고둥과의 연체동물 이다. 우리나라에 서식하는 좁쌀무늬고둥과Nassariidae 고둥은 10 여 종인데 일본의 70여 종에 비하면 '새 발의 피鳥足之血'다. 우 리는 삼면이 바다로 둘러싸였지만 일본은 사방팔방이 온통 바 다에 접했고, 그 남쪽의 오키나와에서부터 저 북쪽 북해도까지 아주 길쭉한 나라라서 패류가 숱하고 가짓수도 많다.

왕좁쌀무늬고둥도 다른 것과 비슷하게 껍질이 매우 두껍고 방추형紡錘形, spindle shape이다. 참고로 여기서 말하는 방추형이란 물레로 실을 자을 때 고치솜에서 풀려 나오는 실을 감는 쇠꼬챙 이인 물레 가락을 닮았다는 뜻이고, 다른 말인 방추형方錐形, pyramid shape은 수학에서의 정사각뿔을 말한다. 껍질에는 좁쌀 모양의 자잘하고 아리따운 과립이 가득 나 있어 '좁쌀무늬'라는 이름이 붙었고, 영어 이름 'dog whelk'는 '개처럼 아무거나 잘 먹는 작은 고둥'이라는 뜻이 아닌가 싶다. 생물 이름에 붙는

'쇠' 자는 '작다' 는 뜻으로 쇠갈매기, 쇠기러기, 쇠우렁이, 쇠비름 등으로 쓰인다. 그리고 비슷한 말로 작거나 어린 것을 말할 때 '애(애벌레)', '왜(왜우렁이)', '갈(갈대)', '어리(어리굴, 어리연)' 들을 이름 앞에 붙인다. 본종은 조간대의 돌이나 바위틈에 붙어 사는데, 죽어 썩는 고기들에 떼거리로 달려들어 먹어치우기에 이런 것을 부육식성腐肉食性이라 하며 게처럼 '갯벌의 청소부' 라 부른다. 이렇게 갯벌에 사는 생물들은 모두가 갯벌의 정화에 한 몫을 한다. 그러다가도 녀석들은 먹을 것이 없어 어지간히 배를 쫄쫄 굶으면 돌변하여 앞에서 이야기한 구슬우렁이처럼 서슴없이 사생결단으로 조개껍데기에 구멍을 뚫거나 따개비에 무지막지하게 달려들어 덮게 판을 열어 잡아먹기도 한다. 치설로 애써 구멍을 뚫을 때 역시 조개껍데기의 주성분인 탄산칼슘을 녹이는 산성 화학 물질을 분비하여 껍데기를 물렁물렁하게 하고, 구멍이 나는 순간 마취제를 집어넣어 껍데기를 열리게 한다. 거기에 소화 효소를 집어넣어 내용물을 소화시켜 물컹한 즙이 되게 하여 후루룩 빨아먹는다. 해치우는 데 길게는 일주일 걸린다. 먹잇감을 꼬꾸라뜨리는 기술이 더할 나위 없이 놀랍다!

높이 1.8센티미터, 너비 1센티미터로 껍데기는 황백색, 각구는 흰색, 껍데기 내부는 짙은 회갈색이다. 전체적으로 작고 둥근 편이며 각정부가 뾰족하다. 패각 아래에 홈이 있으며 사는 장소에 따라 각피가 매끈하기도 하고 거칠기도 하다. 환경의 지배를 받지 않는 것이 없으매…. 봄에 떼를 지어 몰려들어서 짝짓기를 하고 4~5월에 노랗고 작은 캡슐 모양의 주머니 안에 알을 낳는다. 그 속의 건강한 어린 것들은 얼마 동안 옆에 있는 미수정란未受精卵을 잡아먹다가 어미 판박이인 유생으로 깨여 나고, 완전히 성체가 되는 데는 3년이 걸린다. 성체 하니 말인데 '문수文數, 신의 치수를 바꾸지 않아도 되는 나이' 라는 말이 있으니, 다 커서 성인成人이 되었다는 뜻이다. 사람도 그렇듯 불완전변태를 하는 메뚜기도 엄마를 닮았으니 이런 발생을 '직접 발생'이라 한다. 메뚜기나 고둥이나 사람이나 할 것 없이 다 어미 몸에서 태어난다. 세상에 무연無緣한 일이 없다!

이들 고둥의 포식자捕食者는 게들이거나 바닷새들이다. 즉 이들 고둥은 게나 조류에 도통 적수가 되지 않아 언제나 잡아먹히는 피식자被食者이다. 그러나 마냥 당하지 않기 위해서 각구 입구에 7~8개의 작은 치상돌기齒狀突起를 만들어 몸살이 쉽게 빠져나가지 않게 한다. 새들은 다 큰 고둥은 쉽게 부수어 먹지만 어린 것은 통째로 삼켜 버리니 아주 무서운 천적이다. 여느 생물이나 제가끔 다 어떻게 하든 죽느냐 사느냐의 문제! 살아남기 위해 언제나 긴장의 끈을 늦출 수가 없다. 차면 기울고 비면 차는 개펄! 거기다가 파도나 되게 몰아치는 날이면 자칫 잘못하다가 물속으로 휩쓸려 들 위험이 있는 까닭에 바위 틈새에 붙어 살고, 썰물 뒤 센 햇빛에 노출되어 몸의 수분을 빼앗길 위험이 있는 경우 각구를 막아 버릴 수 있는 덮개가 있는 것이다. 생물 사이에 일부러 져 주는 일은 없으니 이렇게 고둥과 새나 게, 또 새와 게끼리 서로 싸우는 종간 경쟁種間競爭은 말할 필요도 없고, 같은 종끼리 자리와 먹이를 다투는 종내 경쟁種內競爭을 하는 것도 당연한 일이다. 경골어류가 아가미를 통해 질소 대사물인 암모니아를 직접 내보내듯이 이들 또한 바닷물에 바로 녹여 버린다고 한다. 식용하지 않으며 우리나라 남서해안과 일본, 서태평양 등지에 분포한다.

7) 무륵(*Pyrene testudinaria*, dove shell, pigeon shell)

앞의 좁쌀무늬고둥과처럼 신복족목 무륵과에 들며 우리나라에서는 7종이 채집되고, 좁쌀무늬고둥처럼 방추형으로 높이 약 1.8센티미터, 너비 약 0.9센티미터의 소형종이다. 개체 변이個體變異가 많으며 껍질은 딱딱하고 매끈한 것이 옅은 광택을 낸다. 각구는 작은 편이고 외순外脣, 바깥 입술 안쪽에 역시 작은 치상돌기가 있다. 각피에 세로로 흐르는 나뭇결 모양이나 '之' 무늬 등 여러 무늬가 날씬하게 새겨져 있다. 영어 이름 'dove shell'에서 'dove'는 비둘기라는 뜻이라기보다는 '귀엽다'라는 의미에 더 가깝다. 한마디로 손이 절로 가는 꼬마 고둥이다. 창조주는 어찌 이런 예쁜 걸물傑物을 만드셨는가!

더디고 느리며, 야행성이면서 바위에 붙어 사는 조류를 갉거나 핥아먹고 사는 무리가 거의 모두이고 말미잘을 먹고 사는 종도 있다. "사랑하는 사람은 못 만나 괴롭고, 미워하는 사람은 만나 괴롭다." 하더니만, 밉살스러우면서 생사여탈生死與奪을 거머쥔 천적인 게는 어김없이 나타나 군침을 흘리면서 껍질을 마구 부수러 달려들거나, 집게 다리로 내장살을 끄집어내려고 들지만 각구가 아주 작고 치상돌기가 있을뿐더러 딱딱한 키틴질 덮개가 있어 그것으로 아예 빗장을 지른다. 눈은 촉수 아래에 붙어 있어 기안基眼이다. 참고로 육상 달팽이들처럼 촉수(더듬이) 끝에 눈이 달라붙은 것은 병안柄眼이라 한다. 여행을 다녀 보면 이 고둥에 작은 구멍을 내어서 잇달아 꿴 목걸이를 맞닥뜨릴 것이다. 눈요깃거리로 안성맞춤이다. 우리말 이름 '무륵'의 뜻은 무엇일까? 궁금한 일이 아닐 수 없다. 우리나라에는 남동서 해안에 살며 일본, 인도, 태평양 등지에 서식한다.

8) 민챙이(*Bullacta exarata*, white bubble shell)

민챙이는 복족류, 두순목頭楯目, Cephalaspidea, 민챙이과Atyidae에 들며 우리나라에는 이것 말고도 비슷하게 생긴 포도민챙이한 종이 더 있다. 민챙이는 높이 2.5센티미터, 너비 1.2센티미터 남짓한 크기로 소형이다. 패각은 달걀 모양으로 끝자락이 뒤집어져 안으로 말려들고, 퇴화하여 몸 안에 거의 파묻히다시피하였다. 아주 얇아 부스러지기 쉽고 흰색으로 반투명한데 겉에는 담황색의 각피가 덮여 있다. 아주 넓적하고 미끈한 근육성인 튼튼한 발을 가지며, 각구는 엄청 넓고 다른 복족류가 갖는 각구를 틀어막는 뚜껑이 없으며 나탑은 거의 없다시피 하다. '포도송이를 닮은 둥그런 민챙이'인 포도민챙이는 민챙이보다 조금 크고 패각이 황갈색이며 껍질을 둘러싼 외투막이 검고 흰 점이 있는 것이 조금 다르다. 우리말 이름에서 '민'은 '민소매', '민낯', '민달팽이', '민둥산' 처럼 '없다' 는 뜻이고 '챙이' 는 '햇볕을 가리는 차양' 을 뜻하니, 민챙이의 껍데기가 거의 없어서 붙은 이름인 듯하다. 우리말 이름의 뜻을 알아내기가 어렵다.

두순목의 '頭楯' 은 우리말로는 '머리 방패(투구)' 정도로 해석하면 되겠고, 영어로는 'headshield' 라 한다. 아주 잘 발달한 그것은 머리의 넓적한 부위에 있어서 머리를 보호하는 것은 말할 필요도 없고 펄이나 모래를 파고드는 데 사용하기도 하고, 모래 등 이물이 몸을 싸고 있는 외투막으로 들어가는 것을 막아 준다.

민물의 영향을 부쩍 많이 받는 조간대의 개펄에서 느실난

실 멋지게 진흙을 잔뜩 바르고 느릿느릿 기어 다니는데, 그러다가 느닷없이 햇볕이 강하게 쬐는 날이면 어느새 펄 속으로 슬슬 파고들어 대뜸 똬리를 튼다. 몸집에 비해 껍데기가 아주 작아그 속에 몸을 숨기기가 어려워서 껍질 안에는 내장의 일부만 들고 나머지 몸체는 밖에 나와 있다. 껍질을 외투막이 휘감고 덮어서 흰색의 살덩어리처럼 보인다. 때문에 늘 몸에서 미끈한 점액을 수북이 분비하여 그것이 흰 거품을 일구니 영어로 'white bubble shell'이라 부른다. 감각 기관이 발달하여 먹잇감이 지나간 길을 귀신같이 찾아내고, 육식성으로 게걸스럽게 갯지렁이 등을 잡아먹는 데 능수능란能手能爛하다. 개펄을 '뻘배'처럼 미끄러지듯 이동하며, 지렁이나 플라나리아가 그렇듯이 암수한 몸이면서도 짝짓기를 한다. 수정된 알을 젤리 같은 끈에 매달아 진흙에 올려놓거나 해초에 달라붙게 한다. 중국에서는 이것을 기꺼이 요리로 쓴다지만 우리는 아랑곳 않고 낚시 미끼 정도로 대접한다. 중국 요리 이야기가 나왔으니 말인데, 산을 좋아하는 필자가 중국의 산 몇 곳을 트레킹하면서 안내원에게서 들은 이야기로 "중국 사람들은 먹새가 좋아서 저마다 하늘의 비행기, 바다의 잠수함, 교실의 책걸상 빼고는 다 먹는다."고 하던 말이 언뜻 떠오른다. 안타깝게도 먹을 것이 없었던 과거의 우리 또한 그들보다 더했으면 더했지 절대로 못지않았다. 민챙이는 우리나라에서는 서해 백령도나 덕적도에 흔하며, 중국 등지에 분포한다.

9) 비단고둥(*Umbonium costatum*, button shell)

복족강, 고복족목古腹足目, 밤고둥과의 연체동물로 제주도와 남해의 모래펄에서 흔하게 볼 수 있다. 속명인 '*Umbonium*'은 '배꼽 모양'이라는 뜻이고, 서양 사람들은 그 모양이 '단추'를 닮았다 하여 'button shell'이라 부른다. 동서를 막론하고 사람의 두 눈과 마음눈心眼은 십상팔구十賞八九 닮게 되어 있다. 검고 희고 노랗고 모두 동일한 종이 아닌가. 이 고둥은 실제로 큰 단추를 닮았으며, 껍데기의 색이 비단처럼 아름답다 하여 비단고둥이라고 한다. 높이 2센티미터, 길이 3센티미터로 낮은 원뿔형이다. 껍데기는 얇으나 단단하고 광택이 나며, 체색은 전체적으로 황색 바탕에 검은 점이 많고, 아래쪽은 백색 바탕에 물결무늬가 있으며 개체에 따라 변이가 심하다. 앳된 것이 자라 보통 8년 넘게 살며, 다 자란 암컷은 한 번에 평균 3만 7000여 개의 알을 낳는데 1년에 두 번 6~7월과 11~12월에 산란한다. 유생은 일정 기간 부유 생활을 한 후 모래펄 바닥에 내려앉고, 1년쯤 지나면 성체가 된다. 간조선 근방에 크고 작은 놈들이 널려 있으며 간조 때는 모래를 파고 들어가 햇살, 바람, 비, 천적을 피한다. 한국, 일본, 중국, 타이완 등지에 산다.

드넓게 펼쳐진 남해안 바닷가, 갓 물 빠진 모래펄을 물끄러미 내려다보고 있을라치면, 작은 조막발을 쏘옥 내밀어 물에 다져진 모래바닥에 힘을 실어 깊게 박고는 비틀어 모래 밑으로 잡아당기는 동그란 고둥, 껍데기가 빙그르르 돈다. 엎치락뒤치락 몸부림을 친다는 말이 맞다. 하여 비단고둥을 '돌매고둥' 또는 '맷돌고둥'이라 부르며, 기록에 보면 울산의 조무래기 아가씨들이 썰물 때 모래사장에 놈들을 주섬주섬 주워 모아 놓고 둘러앉아 "돌매야 돌아라, 열두 바꾸(바퀴) 돌아라."하고 입을 모아 노래를 불렀다고 한다. 갯가에 퍼질러 앉아 하루 종일 놀아도 노는 것이 하나도 물리지 않는구나! 무에 그리 기쁘고 즐거운가!? 춘천의 우리 동네 아이들은 이따금 놀이터 모래밭에서 "두껍아 두껍아 헌집 줄게 새집 다오."하고 더불어 엉덩이를 들썩거리며 애면글면 연신 손등을 탁탁 두드려 댄다. "산에 살면 산을 닮고 강에 살면 강을 닮는다."고 했다. 하여, 바닷가에 살면 바다가 된다. 같은 모래인데도 터전이 다르면 놀이도 걸맞게 달라진다는 것은 명약관화明若觀火하다.

비단고둥은 남서해안 모래사장에 지천이다. 이와 비슷한 황해비단고둥서해비단고둥, *Umbonium thomasi*이 있으니, 이것은 우리나라에서는 유독 서해안에만 살아서 '황해비단고둥'이라는 이름이 붙었다. 조간대의 고운 모래펄에 살며 비단고둥과 어슷비슷하지만 길이가 약 1.7센티미터로 더 작고 역시 낮은 원뿔형이다. 패각의 밑면은 편평하고 둘레는 원형이나 약간 모가 나 있다. 봉합은 깊고 나층이 아주 매끈하여 나륵이 없다. 각피는 약간 푸르스름하고 꾸불꾸불한 회색 무늬가 방사상으로 흐른다. 오직 우리나라의 서해안과 중국 동부 해안에 분포한다.

덧붙여 서해西海, WEST SEA이야기다. 우리는 '서해안', '서해안고속도로', '서해교전' 등으로 서해라 부르는데 교과서에도 황해Yellow Sea라 쓰듯이 공식 명칭은 황해다. '황해도黃海道'라는 말도 거기에서 왔으리라. 황해는 '누르스름한 바다'라는 뜻이 아닌가. 중국의 양쯔 강을 비롯하여 황하黃河 등의 누런 황토黃土물이 끊임없이 유입되기에 서해는 누렇게 물들어 있다. 그 누런 물살은 남하南下하여 제주해협까지도 흘러들어 바다를 흐려 놓을 뿐더러, 그 맹물이 바닷물의 염도(짜기)를 묽게 하여 어패류의 생존에도 영향을 미친다. 흑산도, 홍도 채집을 갈 때의 일이다. 목포에서 한참 가다가 보니 불현듯, 놀랍게도 바다가 칼로 베듯 둘로 쫙 나눠져 있지 않는가!? 세상에 이런 일이! 서쪽엔 누런 물, 동쪽 목포 편은 보통의 푸른 바닷물로 한 바다에 두 물이 이웃하여 친구하고 있더라는 말이다. 이내 섞여 버리고 말물이기는 하지만…. 강물의 누런 흙 말고도 고비사막의 황토는

센 기류氣流를 타고 지체 없이 한반도에 내려앉으니 시도 때도 없이 날벼락을 맞는다. 서해안 쪽 밭田 색이 동해안보다 더 붉게 보이는 것도 이런 까닭이리라. 옛날, 자칭 '국보' 양주동梁柱東 선생이 "한국의 황토는 중국서 날아온 황토 먼지가 쌓인 것이다."라고 하신 말씀이 새삼스럽게 떠오른다.

깜박하고 놓칠까 싶어서 여기에 적어 놓는데, 국내 최초 쇄빙선碎氷船인 '아라온ARAON호'의 '아라'는 '바다'의 옛말이고 '온'은 '100' 또는 '모두', '꽉 찬'의 뜻이요, '국산 수리온 헬기Korean Utility Helicopter'에서 '수리온'의 '수리'는 '독수리', '수리부엉이'의 수리를 의미하고 '온'은 역시 '모두', '완벽한' 등의 의미이다. '온살을 먹은 아이'라 하면 한 해가 시작된 지 얼마 안 되어 태어난 아이를 이른다. 하나 더, '아리수'는 크다는 의미의 한국어 '아리'와 한자 '수水'를 결합한 말로, 고구려 때 한강漢江을 부르던 말이라 하며, 서울특별시가 수돗물 이름으로 쓰고 있다.

10) 피뿔고둥(*Rapana venosa*, oyster drill)

연체동물문, 신복족목, 뿔소라과의 고둥이다. 우리나라에서 채집되는 뿔소라과의 패류는 16종 이내로 알려져 있는데, 세밀히 채집하면 더 있을 가능성도 있다. 껍데기에 크나큰 결절,

뿔, 날개, 가시 모양의 돌기 들을 달고 있다. 모두 각질의 뚜껑이 있으며 입 근방에 삐죽 나 있는 수관水管이 발달했다.

그중 하나인 '피뿔고둥'은 껍데기가 두껍고 단단하며 묵직하고, 높이 15센티미터, 너비 12센티미터 정도로 간조선 아래에서부터 수심 10미터 가까이에 사는 대형종이다. 물론 개펄에 살지는 않는다. 체층이 매우 크고 각구도 아주 넓으며 나탑이 썩 낮고 뚜껑은 떡가래를 어슷썰기 했을 때의 떡 쪽 모양이다.

각구 안쪽은 붉은 황색이고 껍데기에는 예리한 돌기(뿔)가 나서 '피뿔고둥'이라는 이름이 붙었다. 암수딴몸으로 50∼500개의 캡슐 덩어리를 산란하는데, 하나의 캡슐에는 적어도 200∼1000개의 알이 들어 있다. 14∼21일 후에 알이 깨이는데, 온도에 따라 더디기도 하고 빠르기도 하다. 알은 무려 80일간의 플랑크톤 생활을 마감하고 바다 바닥에 내려앉아 보금자리를 찾는다. 다른 바다 동물들이 그러하듯 선박 평형수船舶平衡水, ballast water에 묻어 거리낄 것 없이 세계적으로 널리 퍼져 나가기 일쑤인데, 이 고둥의 유생은 꽃게 유생의 좋은 먹잇감이라 한다. 와락 잡으려들면 겁에 질려 도망가고, 헐레벌떡 피해 가면 지체 없이 쫓아오고, 야단법석이다. 북새통이 따로 없다. "날씨와 젊은이의 앞날은 아무도 모른다."고 했다. 자칫 한눈팔다가는 신세 망친다. 감히 말하지만 그래서 세상에 안락하고 평화로

운 곳은 아무 데도 없다. "망하는 덕에 득 보는 놈도 있다. 꽃게
가 망하면 주꾸미가 흥하니 말이다."라는 말은 이들의 관계를
말하고 있다.

뿔소라과의 고둥들은 모두 다른 패류를 잡아먹고 사는 육
식성이다. 영어 이름 'oyster drill'은 굴에 구멍을 꿰뚫어 뚝딱
쉽사리 해치운다는 뜻이다. 자연 상태의 굴과 반지락 등은 물론
이고 양식장에도 엄청 피해를 입힌다. 아주 적응력이 강해서 생
식력이 높고, 빨리 자라며, 염도가 낮은 곳에서도 잘 견딜뿐더
러 온도가 높거나 낮아도 잘 산다. "난세에 영웅英雄 나고 불황
에 거상巨商 난다."했는데, 외려 이 어려운 환경에 피뿔고둥이
살아 있다!

껍질은 엷은 갈색 바탕에 어두운 갈색의 나선형 띠무늬가
있고 속은 주황색이다. 민물이 섞이는 바닷가의 얕은 모래땅이
나 바위 밑에 서식한다. 썰물 때는 저 멀리 눈이 미치지 않는 곳
까지 바닥 살을 내 놓는 서해안, 거기에 사는 비슷하게 생긴 '황
해피뿔고둥Rapana venosa pechiliensis'과 함께 우리가 즐겨먹는 고둥
(골뱅이)이다. 이것은 서해안에만 산다. 한국, 중국, 타이완, 일
본 등 동아시아가 원산지인데 긴 세월 동안 아득한 세계로 빠르
게 퍼져 나갔다.

피뿔고둥이 죽은 빈껍데기에는 주꾸미Octopus ocellatus Gray,

webfoot octopus가 살고 있으니, 피뿔고둥은 뿔소라과에 드는 놈으로 입 둘레가 원체 붉은색이어서 '피'란 말이 붙었다. 입이 크고 넓어서 주꾸미가 들어앉기에 안성맞춤이다. 육식성으로 '조개 껍데기에 구멍 내기'가 피뿔고둥 녀석의 전공이기도 하다.

그런데 피뿔고둥의 안벽에다 주꾸미가 알을 낳아 붙이고 입구에 떡 버티고 앉아서 어엿이 알을 지킨다. 노심초사, 애써 빨판吸板으로 알을 닦아 주고, 맑은 물을 일부러 흘리면서 치성을 다한다. 몸이 빼빼 마르고 성한 데가 없다. 주꾸미도 아프게 가슴앓이 하는 곡진한 모성애가 있다.

이제 주꾸미를 잡아 보자. 먼저 피뿔고둥의 껍질에 구멍을 뚫어 길다란 줄에 텅 빈 고둥을 디룽디룽 줄줄이 매달고 해저물녘에 배 타고 나가서, 주꾸미가 많이 들기를 비손하면서 밧줄을 바다에 늘어뜨린다. 하룻밤 새우고 다음 날 새벽녘에 나가서 다시 걷어 올린다. 피뿔고둥 속에 주꾸미가 들었다! 빈 고둥 껍질이 낚시 미늘인 셈이다. 회 한 접시에도 민중의 역사와 삶이 스며 있다고 하던가. 주꾸미와 고둥의 조우遭遇, 예사롭지 않는 거룩한 만남이다.

영리한 주꾸미 놈의 어처구니없는 습성 하나를 더 보자. 바깥나들이 나갔다가 이내 목숨이 경각에 달린 주꾸미, 이게 웬 떡이냐 하고 달려온 물고기 눈에는 식겁해서 꽁지 빠지게 달아

난 녀석은 보이지 않고 어이없게도 입뚜껑을 꽉 닫은 피뿔고둥
만이 덩그러니 버티고 있으니…, 머쓱하게도 닭 쫓던 개가 되고
말았다! 기겁한 주꾸미는 헐레벌떡 쫓기면서도 납작한 조개껍
데기 하나를 덥석 물고 와 몸통을 쓰윽 고둥 안에 비집어 넣고
는 그 조가비로 퍼뜩 입을 틀어막아 버린다. 신통한 일이로고!
도대체 주꾸미 너는 그것을 어찌, 어디서 터득했느냐?

　　물고기는 물 없으면 죽지만 물고기가 없어도 물은 물이다.
마찬가지로 고둥은 주꾸미가 없어도 고둥일 뿐. 어째서 주꾸미
는 대대로 알을 그 고둥 속에다 낳는 것일까. 제가 태어나 제일
먼저 보고 접한 것이 그 고둥이었고, 거기가 모천母川으로 각인
된 탓이다. 연어는 그 먼 길을 돌아 제가 태어난 어머니 강으로
돌아오고 마찬가지로 주꾸미도 제가 배태胚胎한 바로 그 고둥을
찾아와 거기에 새끼를 낳는다. 귀소본능歸巢本能이라는 것이다.
참 오묘한 생물들의 세계로다. 온통 생명의 시원始原인 태생지胎
生地를 찾아든다. 수구초심首邱初心! 우리도 고향을 언제나 그리
며 살지 않는가. 고향은 핏줄 속에 녹아 흐르는 모천으로, 가뜩
이나 나이를 한가득 먹으니 부쩍 그리움이 늘어만 간다. 이윽고
죽음의 그림자가 어른거리는 것이리라!

　　피뿔고둥은 꾀보 주꾸미가 태어난 안태본安胎本이다. 서해
의 주꾸미들은 피뿔고둥을 집 삼아 달빛 괴괴한 차가운 바다의

밤을 오롯이 지샐 것이다. 그야말로 일렁이는 바다는 본래 낮고, 넓고, 깊은 곳이렷다.

11) 꼬막(*Tegillarca granosa*, cockle)

여태 복족류의 고둥무리 10종을 훑어봤고 여기서부터는 부족류의 '조개무리'를 다룬다.

꼬막은 사새絲鰓목, 꼬막조개과의 부족류(이매패) 연체동물이다. 길이는 약 5센티미터, 높이는 4센티미터, 너비는 약 3.5센티미터로, '새꼬막'이나 '피조개'보다 작지만 껍데기는 억센 것이 사각형에 가깝고 엄청나게 두껍다(아래 표 참조). 각피에 벨벳 모양의 털은 없지만, 회백색으로 진흙색과 비슷하여 보호색이 된다. 암수딴몸으로 산란기는 8~10월이며, 조간대에서 시작하여 수심 10미터까지의 진흙 바닥에 산다. 껍데기 표면에 17~18줄의 굵은 방사륵放射肋이 있고, 방사륵에는 작은 알갱이처럼 생긴 결절이 꼭지 태각胎殼에서부터 방사상으로 나 있는데,

*꼬막, 새꼬막, 피조개를 비교해 보자.

	각장	늑간의 폭	각피의 털	방사륵의 수	방사륵 위의 과립
꼬막	5cm	넓다	없다	17~18개	양쪽 껍질에 다 있음
새꼬막	7.5cm	좁다	조금 있다	30~34개	왼쪽 껍질에 있고 오른쪽엔 없음
피조개	12cm	좁다	많다	42~43개	모두 없음

태각에서 멀어질수록 크고 뚜렷하다. 인대는 검은색으로 모가 나고 넓기 때문에 두 패각을 넓게 벌린다. 찬바람이 부는 11월부터 5월까지 꼬막의 맛이 가장 좋은 이유는 겨울이 시작될 무렵부터 봄까지 알을 품는 탓이다.

바닷가 사람들이 꼬막을 잡으러 힘겹게 오가면서 그들의 짐을 싣고 부리는 뻘배를 지치는 모습을 간간이 텔레비전 같은 데서도 볼 것이다. 그들은 '겨드랑이 털이 다 빠지고 정강이 살이 빠지도록' 거친 삶을 산다. 이 꼬마 조개는 너나 할 것 없이 예로부터 많이 먹은 것으로, 끓는 소금물에 데친 다음 쩍 벌린 껍데기 하나를 떼어 버리고 한쪽만 남긴다. 납작 올라앉은 살점에 양념장을 끼얹으니 그것이 별미 꼬막무침이다! 텃밭 개펄이 그렇게 오동통, 달착지근하게 꼬막살을 올려준다. 보통 여염 사람들이 즐겨 먹었던 전라도 지방의 향토 음식이니, 글을 쓰는 이 순간에도 군침이 한입 돈다. 후루룩~ 쪽! 하고 꽉 찬 살을 빨아먹는 것을 머리에 그리니 말이다. 꼬막, 새꼬막, 피조개는 연체동물 중에서도 드물게 척추동물이 갖는 혈색소인 헤모글로빈이 있어서 살이 붉은색을 띠며 껍데기 안에도 핏물이 돈다. 천적 없는 생물은 없으니 오리, 낙지, 피뿔고둥, 꽃게 등이 꼬막의 천적이다. 일부 양식하며 한국, 일본, 인도양, 서태평양 등지에 분포한다.

혈색소 이야기가 나와 여기에 조금 더 보탠다. 모든 혈색소(호흡 색소)는 혈액(혈장)이나 적혈구 속에 온전히 들어 있어서 산소를 운반하며, 보통 금속을 품는 단백질이기 때문에 색을 갖는다. 사람을 포함하는 척추동물의 혈색소는 적혈구 속에 헤모글로빈이 들어 있다. 무척추동물이라도 개불, 피조개 등은 역시 적혈구 속에 헤모글로빈과 흡사한 혈색소가 들어 있다. 헤모글로빈 다음으로 많은 생물들이 갖는 것은 연체동물이나 절지동물이 갖는 헤모시아닌 단백질로 체액 속에 들어 있으며, 보통은 무색에 가깝지만 산소와 결합하면 연한 푸른색이 되므로 혈청소血靑素라고 부르기도 한다. 그런데 이것은 헤모글로빈의 산소 운반 능력에 비해 반에도 미치지 못한다. 또 환형동물인 지렁이, 갯지렁이 등의 혈장 속에는 클로로크루오린이라는 것이 있는데, 산소 운반 능력이 헤모글로빈의 약 25퍼센트에 지나지 않으며 산화하면 붉은색, 산소가 부족하면 녹색을 띤다. 해산 환형동물이나 완족류의 헤모에리스린은 산화하면 분홍이나 보라색을 띠며, 또 패류인 키조개는 망간Mn을 품는 피나글로빈pinnaglobin을, 원색동물인 멍게는 바나듐vanadium을 품는 크로마겐chromagen을 각각 혈구 속에 가지고 있다. 사람이나 소, 돼지의 근육은 붉은색인데 그것은 미오글로빈myoglobin이라는 붉은 색소 때문으로 헤모글로빈보다 산소 결합력이 한결 더 강하다. 쇠

고기 살덩어리를 물에 오래 담가 둬도 붉은색이 남아 있으니 그것이 바로 이 단백질 탓이다.

12) 굵은줄격판담치(*Septifer virgatus*, mussel)

우리나라에 나는 이매패강, 홍합紅蛤과 생물은 굵은줄격판담치, 격판담치, 굵은줄격판담치, 왜홍합, 뿔담치, 털담치, 꼬마털담치, 주름담치, 비단담치 등 13종이 넘으며, 그중에서 홍합과 진주담치를 제외하고는 모두 소형으로 조간대 개펄의 바위틈이나 돌에 달라붙는다. 굵은줄격판담치는 전국적으로 분포하는 종으로 길이 3센티미터, 높이 1.3센티미터로 소형이면서 껍데기는 새부리를 닮은 검은 보라색이고, 껍데기 안쪽은 짙은 보라색이다. 이들은 모두 족사足絲, byssus thread로 세게 달라붙어 있어서 맨손으로 떼려 해도 힘들다.

아스라이 수평선이 굽어보이는 동해안 바닷가다. 동해안은 간만의 차가 아주 적은 곳이 아닌가. 바닷물이 출렁거리는 해안선을 따라 반들반들하고 새까만 것들이 빽빽하게 덕지덕지 붙었다. 철옹성鐵甕城이 따로 없다. 거기에는 억세기로 두 번째 가라면 서러워할 따개비도 붙어 볼 엄두를 못 낸다. 입추立錐, 송곳을 세움의 여지가 없다는 말이 맞다. 과히 담치 못자리를 이루고 있다. 물이 철썩 들면 보이지 않다가 찰랑 한 뼘쯤 내리 빠지면 어느새 시커멓고 촘촘히 박혀 있는 담치 카펫이 드러난다. 그러다가 번번이 물에 잠기고 또 뜨고…. 널린 게 그놈들이다. 바위란 바위는 온통 그놈들이 차지하고 있으니 말이다. 이들 홍합과 무리의 특징은 뭐니 뭐니 해도 족사라는 실같이 검고 질긴 '섬유 조직'으로 바위나 돌, 해초, 자갈 등에 꽉 붙는다는 것이다. 물론 바닥이 딱딱하지 않은 개흙에는 발을 붙이지 못하지만, 이게 다 파도에 쓸려 가지 않으려는 닻이다. 이 '발 실'로 한번 어디에 붙으면 평생을 그 자리에 머무니, 이것들이 물속에서 어떻게 족사를 붙이는지 그 원리를 찾아내겠다고 사람들은 무진 애를 쓴다. 수중에서도 척척 달라붙는 본드나 강력 접착제를 만들면 돈을 벌수 있을 것이나, 어디 만만한 것이 없다. 실은 홍합 말고도 굴, 따개비와 다시마 등의 해초도 엇비슷한 방법으로 다른 물체에 부착한다. 굴의 껍질 중에서 왼쪽 껍질은 온전히 바윗돌이 되어 버린다. 이들의 질깃질깃한 섬유는 사람 힘줄보다 5배 질기고, 16배나 잘 늘어나는, 맞수가 없는 자연 신소재란다. 자연은 마땅히 자기를 알아주는 자에게만 비밀의 열쇠를 준다. 백절불굴百折不屈, 어떠한 어려움에도 굽히지 않는 정신과 자세로 애써 연구하는 자에게만 키key를 준다는 말씀.

　이들 중에서 우리가 즐겨 먹는, 시샘이나 하듯 하도 비슷해 헷갈리기 쉬운 '홍합'과 '진주담치'를 빼놓고 넘어가기는 좀 뭐하다. 홍합*Mytilus coruscus*은 각피가 불그스레하기에 홍합이라고 하며 껍데기 안은 진주 광택이 나고, 길이는 약 14센티미터, 높이는 약 8센티미터로 생장선生長脈이 또렷하다. 전체적으로 긴 타원형이며, 해조류나 따개비 무리가 시끌벅적 더덕더덕 달라붙는 편이다. 만조 때는 바닷물에 잠겼다가 간조 때 드러나는 수심 5~10미터 사이의 암초에 무리를 지어 서식한다. 이를 영남지방에서는 합자蛤子, 열합裂蛤, 강원도에서는 섭이라 하고, 중국에서는 동해부인東海夫人이라 부른다고 한다.

홍합이 기골차고 당차다면 진주담치는 좀 유순하면서 멍한 축에 든다. 홍합에 비해 진주담치*M. edulis*는 껍데기 겉이 붉지 않고 되레 '검은 푸른색(흑청색)'을 띠며 껍데기 길이 7센티미터, 높이 4센티미터로 크기가 좀 작다. 껍질은 홍합에 비해 얇으며, 상대적으로 각폭이 커서 두 껍질 사이가 불룩하다. 안쪽의 진주층이 홍합보다 훨씬 발달하여 진주 광택을 내기에 '진주담치'라 부른다. 그리고 족사가 붙은 태각 자리가 둥그스름하면 진주담치, 매부리코처럼 뾰족하게 굽어 있으면 홍합이다. 시장 좌판이나 포장마차의 구미 당기는 자작한 해물칼국수 국물에 들어 있는 것은 홍합이 아니고 마땅히 맛이 덜한 진주담치이다. 그곳에 넣기에 홍합은 너무 비싸다! 진주담치를 '지중해담치'라고도 하는데, 이는 홍합이 토종으로 조상들의 숨결과 세월의 더께가 묻어 있는 반면, 진주담치는 저 멀리 지중해에서 배 바닥에 붙어 우리에게로 시집온 조개이기 때문이다. 진주담치 학명의 '*edulis*'는 영어의 'edible(먹을 수 있는)'과 맥이 상통하는 말로 유럽 사람들이 즐겨 먹었다는 것을 암시한다. 진주담치는 깊은 바다에 길고 굵은 밧줄을 내려놓으면 거기에 족사를 내서 다닥다닥 달라붙는데, 그것을 키워 잡는다. 홍합도 애써 양식에 성공했다고 들었다. 그렇다, 세상에 거저 얻어지는 것은 없다.

하나만 더, 우리나라에서는 단지 한 종만이 살고 있는 '민물담치*Limnoperna fortunei*' 이야기다. 미국만 해도 민물에 사는 담치가 750여 종이나 된다는데 우리나라에는 오직 한 종뿐이다. 이놈들은 떼를 지어 사는 성질이 있다. 껍데기 길이 4센티미터, 높이 1.7센티미터로 작고 새까맣고 좀 길쭉한 편인데, 역시 한강을 비롯한 강가 바위틈이나 바위 아래에 다닥다닥 붙는다. 녀석들이 예기치 못하게 가끔 날탕을 친다. 부자가 하나면 세 동네가 망한다고 했던가. 어찌할거나? 마침내 녀석들이 층층이 잔뜩 엉켜 붙어 덩어리를 지어서 금세 물길水路을 막으니, 특히 댐의 발전소 수도水道를 틀어막아 손해를 입히는 애물단지다. 여태 우리나라에서는 그런 일이 일어나지 않은 모양이나 미리 대비를 하고 있을 줄 안다. "갈대는 바람이 오기 전에 드러눕는다."고 하지….

하나 더 첨부하지 않을 수 없다. 보통은 4월 말에 시작하여 6월 말까지 패류독貝類毒이 문제가 되니, '설사성 패류독'과 사뭇 다른 공포의 '마비성 패류독'이라는 것이 있다. 조개를 먹은 뒤 30분 이내에 걷잡을 수 없이 입술, 혀, 얼굴 등에 저림과 화끈거림으로 시작하여 사지 끝 부분에 감각 둔화가 오고 심하면 운동 실조, 언어 장해에다 몸이 붕 뜨는 부양감浮揚感을 느끼며 연거푸 밭은 숨을 쉬다가 호흡 마비로 사망하는 수가 있다. 이때가 바로 조개의 산란기인 것은 무엇을 말하는가. 조개가 스스로 유독성 물질을 만드는 것이 아니고 유독성 조류가 가지고 있는 독성이 문제가 되니, 우리나라 조개들은 미국의 조개가 갖는 삭시토닌saxitoxin이라는 것과는 성질이 조금 다른 고니오톡신 gonyautoxin계 독을 가지고 있다고 한다. 먹잇감의 독을 이용해 산란기만이라도 죽음을 면해 보려는 숭고(?)한 작전이 아니겠는가. 고둥 무리나 복어는 테트로도톡신tetrodotoxin이라는 독이 문제가 된다. 제 살 궁리는 다들 하고 있다.

13) 돌살이조개(*Phlyctiderma japonicum*)

바닷가의 돌에 들어가 사는 이매패는 돌살이조개, 갈색돌살이조개 등 4종이 우리나라에 산다. 이것들은 남동해안 조간대의 진흙돌인 이암泥巖, mud stone에 굴을 파고 들어가 살거나 해초의 뿌리에 붙어 사는 특이한 놈들로, 껍질은 백색 공 모양이다. 껍질 표면에는 거친 성장맥成長脈, 성장선이 있고, 안은 매끈한데 2개의 이빨이 있다. 여기서 '이암'이란 직경이 0.01밀리미터 이하인 진흙이 쌓여서 딱딱하게 굳은 퇴적암堆積巖, sedimentary rock 으로 순 우리말로는 '진흙 바위' 또는 '뻘돌'이라 부르면 되겠고, 'clay stone'과 'silt stone'도 여기에 든다. 참고로 모래가 퇴적하여 만들어진 바위를 사암砂巖, sandstone, 모래돌이라 하고, 2밀리미터 이상의 큰 입자와 모래진흙이 섞인 것이 쌓이고 눌려 바위가 된 것을 역암礫岩, conglomerate이라 한다. 바다에서 흔히 볼 수 있는 것은 이암이고, 단단하기의 순서는 역암 〉 사암 〉 이암이다.

이렇게 이암이 물렁한 편이기에 조개가 거기를 파고든다. 웬일로 바위나 자금자금한 돌에 구멍이 저렇게 송송 뚫려서 자국이 도드라져 보이는 것일까? 군인들이 장난삼아 총질을 한 것도 아니고…. 모르는 사람은 바위의 부분들이 약해 떨어져 나갔거나 녹아 버린 것으로 여기기 십상이지만 그게 아니다. 그렇다고 수적석천水滴石穿, 물방울이 오래 떨어져 뚫은 구멍도 아니지 않는가. 오묘하게도 껍데기 2장을 가지고 있는 조개가 바위에 구멍을 내다니!? 얼마나 애써 돌을 파냈기에? 수적성천水積成川이라고, 적은 물도 모이고 모이면 큰 냇물을 이룬다. 나무를 파고든 '나무속살이조개'와 함께 뻘돌을 오두막 삼아 거기서 평생을 살아가는 것이 '돌살이조개'의 한살이이다. 여기서 '살이'라는 말은 명사 뒤에 붙어서 '삶'이나 '생활'을 뜻하는 접미사로 하루살이, 죽살이生死, 한살이一生, 애옥살이, 더부살이 등의 예가 있다.

14) 굴(*Crassostrea gigas*, oyster)

"언청이 굴회 마시듯 한다."고 한다. 째보 입술 사이로 생굴이 빠져나갈까 싶어 단숨에 후루룩 마신다고 하니, 무슨 일을 서슴지 않고 쉽게 한다는 뜻이다. 굴을 흔히 굴조개, 석굴, 석화 등으로 부르니 사람과 마찬가지로 생물도 별명이 많다는 것은 유명한 탓이리라. 굴의 다른 이름 중에서 생소하게 들리는 것은 아마도 '석화'일 것이다. 석화란 돌 석石 자에 꽃 화花 자라! 직역하면 '돌꽃'이다. 바닷가 바윗돌에 무슨 꽃이 핀단 말인가. 굴은 껍데기가 둘인 연체동물의 이매패이다. 2장의 조갑지 중하나는 암석에 딱 달라붙으니 그것은 왼쪽 껍데기左殼이고, 여닫이하는 위의 것이 오른쪽 껍데기이다. 조간대에 사는 굴은 심한 온도 차와 건조함을 이겨 내기 위해 밀물 때는 패각을 꽉 달아 버리고 썰물 때는 스르르 활짝 연다.

사람이 "자연과 멀어지면 병원과 가까워진다." 하니 바빠도 짬 내어 산, 강, 바다를 찾아볼지어다. 우유를 마시는 사람보다 우유를 배달하는 사람이 더 건강하다 하였거늘. 굴 따는 아낙들은 심심풀이 이야기를 하면서도 손놀림을 멈추지 않는다. 나 같은 사람은 죽었다 깨도 저리 못 할 것이다. 그 잰 손놀림에 눈이 휘둥그레질 지경이다. 끝이 고부랑한 쇠갈고리(조새)로 두 껍데기를 맞닿게 이어 주는 인대 부위를 탁, 친 다음 위쪽 껍데기를 휙 들어내고 안의 뽀얀 살을 쿡, 찍어 그릇에 담는다. 연거푸 숱하게 반복해도 일사천리로 군더더기 하나 없이 해낸다. 바싹 통달했다. 말 그대로 달인達人이다!

이렇게 돌이나 너럭바위에 붙어 사는 자연산 굴을 보통 '어리굴'이라 하고 그것으로 젓을 담으니 그게 필자도 좋아하는 어리굴젓이다. 밥도둑놈, 말만 들어도 군침이 한입 돈다! 여기서 '어리'라는 말은 '어리다', '작다'는 뜻이다. 제 짝을 잃고 바위에 홀로 달랑 남겨진 납작한 굴 껍데기, 그 색이 무척 새하얗다. 멀리서 보면 뽀얀 껍데기 자국들이 거무스레한 너럭바위에 두루 다닥다닥 널려 있으니 그것이 '돌꽃'이 아니고 뭐란 말인가! 내 고향에 가면 아직도 '굴' 하면 모른다. '석화'라 해야 알아듣는다.

우리나라에 서식하는 굴은 주로 먹는 '참굴'을 비롯하여 비슷한 것이 3속, 10종에 달한다. 사는 곳도 바닷물이 들락거리는 조간대에서부터 바다 밑 20미터 근방까지 꽤나 다양하다. 굴의 겉껍질은 다른 조개들처럼 매끈하지 못하고 예리하고 꺼칠꺼칠한 비늘 모양의 결이 서 있으며, 그러면서도 몇 년생인가를 알려 주는 성장맥도 나 있다. 굴의 목숨앗이는 게, 불가사리, 갯우렁이, 피뿔고둥, 바닷새, 그리고 사람이다. 헌데 사람은 고맙게도 여러 방법으로 그들을 키워 주니 굴의 씨가 마를 위험은 없다. 우리가 키우는 곡식, 과일들도 그런 점에서 후손 걱정을 하지 않아도 좋게 되었다. 그렇지 않은가?

굴을 포함하는 이매패의 아가미는 숨쉬기와 먹이 얻기라는 두 가지 몫을 담당한다. 굴의 아가미는 다른 이매패들이 다 그렇듯이 가스 교환이라는 호흡과 플랑크톤, 조류, 유기물을 걸러 먹는 여과 섭식을 한다. 한 마리의 굴이 1시간에 무려 5리터의 바닷물을 걸러 내어 바다의 부영양화富營養化를 예방한다고 하니 그야말로 도랑 치고 가재 잡고, 마당 쓸고 동전 줍는 격이다. 연체동물은 모두 치설로 먹이를 섭취하는데, 이들 부족류만 치설이 없고, 대신 아가미로 먹이를 얻는다.

서양 사람들은 굴을 '바다의 우유'라 하며 한때 굴을 강정제強精劑로 여겼다. 생굴 속살의 희뿌연 우유 색깔이 감각적인 것이기도 하지만, 남성 호르몬인 테스토스테론testosterone을 만드는 데 쓰이는 특수 아미노산과 아연亞鉛, zinc이 넘친다는 것이다. 우리 식으로 말하면 '바다의 인삼'인 셈이다! 굴에는 보통 음식에 적게 들어 있는 무기 염류 성분인 아연, 셀레늄selenium, 철분iron, 칼슘calcium 말고도 비타민 A와 비타민 D가 많다고 한다. 이렇게 생으로 먹는 것 말고도 굴소스, 굴무침, 굴밥, 굴부침개, 굴국, 굴국밥, 굴찜, 굴깍두기, 굴김치, 굴장아찌, 굴저냐굴전 등으로 요리해 먹는다. 덧붙여서 굴은 껍데기를 꽉 다문 것이 싱싱한 것이다. 그런데 굴을 언제나 날로 먹을 수는 없으니 영어나 불어로 달력 이름에 'r' 자가 들어 있는 달(예로, January)에는 먹으면 안전하다고 여겨왔으나 철칙으로 여기지는 말 것이다. 곧, 'r' 자가 없는 5~8월(May, June, July, August)에는 굴이 독성을 가지는 산란기일뿐더러 바닷물에 여러 종류의 비브리오균과 살모넬라, 대장균 들이 득실거려 생것을 먹으면 큰 탈이 난다.

요새는 굴도 키워 먹는다. 굴 양식은, 죽은 굴 껍데기를 올망졸망 줄에 꿰매어 물 밑에다 뒤룽뒤룽 드리워 놓아 키우는 남해안의 '수하식垂下式'과 널따란 서해안 갯벌에 넓적한 돌을 적당한 간격으로 던져 놓는 '투석식投石式', 또 근래 프랑스에서 배워 온 것으로 그물 보자기에 새끼 굴을 넣고 널평상平床 같은 데 올려놓아 키우는 '수평망식水平網式'이 있다. 수평막식으로 키운 굴은 씨알이 매우 굵다고 한다. 늘 물속에 드리워 기르는 수하식보다는 조간대의 개펄에서 나는 자연산 굴이나 투석식, 수평망식이 더 맛있다고 하니, 여름엔 찌는 무더위와 작열하는

땡볕에 자주 노출되고, 겨울엔 칼추위에 찬바람을 맞아 그렇다. 극한 상황을 겪는 생물은 만일의 사태에 대비해서 몸에 여러 영양분을 그득 쌓아 놓으니 육질이 더없이 좋다. 고난을 먹고 자라지 않은 영웅이 없는 법! 힘들게 꿋꿋이 산 사람에게서 향기가 풍기는 법이다.

굴은 1년이면 거의 성숙하는데 상품화하는 데는 2~3년이 걸린다. 'Crassostrea속'의 것들은 하나같이 웅성선숙^{雄性先熟}으로 첫해는 모두 수컷으로 정액을 분비하다가, 2~3년이면 예외 없이 죄다 암컷(1마리가 한 해에 1억 개의 난자를 만듦)으로 성전환하여 난자를 분비한다. 성비가 뒤죽박죽 바뀐다는 말인데, 굴과 달리 암컷이 수컷보다 먼저 자라는 자성선숙은 산호초의 물고기 등에서 더러 본다. 사람도 여자가 사내들보다 먼저 성숙하지 않는가. 굴은 보통 5~6월경에 산란하고 담륜자, 피면자의 유생 시기를 거친 다음 어린 종패가 되어서 바위나 돌, 다른 굴 껍데기에 붙는다. 굴은 암수딴몸이다. 굴의 암수는 겉에서 보고 구별할 수 없다. 굴을 잡아서 생식소 부위를 메스로 잘라 체액을 받침유리_{슬라이드} 글라스에 문질러 보면 정자는 우유같이 멀겋게 퍼지고, 난자는 눈으로 겨우 볼 수 있을 만큼의 작은 알갱이로 드러난다. 참고로 암컷을 나타내는 부호, '♀'는 비너스의 거울을, 수컷을 나타내는 '♂'은 군신의 창을 상징하는 것이고, 하등한 세균부터 사람까지 공통으로 쓰인다.

　어쩌다가 기생충이나 이물이 굴이나 진주조개 무리에 빨려들어가 패각과 외투막 사이에 끼어들면 외투막에서 진주 성분을 분비하여 그것을 에워싸니, 여러 해 동안 진주 물질이 쌓이고 쌓여서 자연산 진주가 된다. 이런 특성을 이용하여 두꺼운 민물조개 껍데기를 가로세로로 잘라, 둥글게 갈아 만든 작은 핵核을 일부러 진주조개 껍데기와 외투막 사이에 삽입하여 진주를 만드니 이것이 인공 진주다. 제아무리 진주가 귀하다 해 봤자 고작 탄산칼슘 덩어리인 것을 사람들은 진정 값진 것을 값진 줄 모른다. 공기, 물, 사랑 말이다.

15) 반지락(*Ruditapes philippinarum*, manila clam)

　반지락은 부족강, 백합과白蛤科, Veneroidae의 연체동물인데 보통은 '바지락' 이라 부르며, 바다에 사는 패류 중에서 굴 다음으로 우리가 가장 많이 잡아먹는 조개다. 반지락은 바지락, 빤지락, 바지래기, 개발 등의 이름으로 지방에 따라 다르게 불린다. 어쨌거나 국어사전에는 반지락이 '바지락' 으로 올라 있으나 '생물용어집' 이나 전문 '패류도감' 에는 '반지락' 으로 쓰고 있다. 하여, 원칙적으로 '반지락' 이 맞는 말이다. 전공 쪽에서 먼저 쓴 말을 따라 쓰는 것이 옳다는 뜻이다. 개똥벌레, 반디로 불리는 것은 '반딧불이'가 맞는 것과 같은 이치이다. '선취 특권'이라는 것은 여기에도 해당하니, 표현이 이상하다 해도 먼저 쓰기 시작한 것을 따른다. 그리고 국명은 아무리 길어도 붙여 쓰기로 약속하였으니, '뱁새'라고 부르는 밭 가에서 재잘거리며 쏘다니는 꼬마 새는 '붉은머리오목눈이'라고 붙여 쓴다.

이야기 중에 으뜸은 먹는 이야기! 여느 계절보다 봄 반지락이 맛있으니, 여름 산란을 위해 알이 꽉 찬 탓이다. 시원한 바지락칼국수! 타우린taurine과 베타인betaine, 호박산 등이 특유의 감칠맛을 내기 때문에 시원한 국물을 내는 데 제격으로 만인의 갈채喝采를 받는다. 바특하게 끓여 톡톡해진 짭조름한 반지락 국물이 술꾼들에게 융숭한 대접을 받는다는 말이다. 반지락은 요리 전에 해감을 시켜야 하니 옅은 소금물에 1~2시간 담가 두어 모래, 개흙 등의 불순물을 받아 낸다. 그러고 나서 맑은 물에 설렁설렁 헹군 다음 끓는 물에 퐁당 담근다.

반지락은 동해안을 제외한, 간만의 차가 심한 남서해안 조간대의 모래에 진흙이 좀 섞인 곳에 산다. 바닷물에 항상 담겨 살면 좋으련만 녀석들은 괴이하게도 간조 시 4~5시간 정도 공기에 노출되는 곳에 살기를 좋아한다. 만물개유위萬物皆有位라, 만물은 다 제 살 자리가 있다! 때문에 장마철이나 비가 잦은 날에는 민물을 흠뻑 둘러쓰기도 하고, 수시로 혼탁한 물을 뒤집어

쓰는 특수한 환경에서 산다. 바닷물보다 염도가 낮은 물에서도 거뜬하게 견딘다는 말이다.

2~3년생의 큰 것은 길이 4센티미터, 높이 3센티미터로 알이 굵직한 편이며, 껍데기는 무척 야물고 반달꼴을 한 긴 타원형에 인대가 있다. 각피는 매우 거칠며 가느다란 방사륵이 가득 퍼져 있고, 방사륵과 반대로 마주 나 있는 굵은 생장선을 볼 수 있다. 양쪽 껍데기 안에 각각 3개의 주치主齒가 있으며, 색은 다양하여 백색, 황색, 담갈색이고 껍질 안은 흰색 바탕에 옅은 귤색이거나 자색이다. 그런데 요새 우리가 먹는 것 중 태반은 중국이나 북한산이라고 하니…. 우리나라 전역, 사할린, 일본, 중국, 타이완, 유럽 등지에 널리 살며 일본, 중국, 우리나라, 프랑스가 세계적인 반지락 수확 국가에 든다고 한다.

굴만 키워서 먹는 게 아니라 반지락도 양식한다. 농장은 육지에만 있는 것이 아니다. 바다 또한 어패류의 사육장飼育場이다. 반지락은 자연산을 채취하기도 하지만 요즘엔 '씨 뿌림 양식'으로도 많이 잡는다. 자연 상태로 발생한 어린 조개를 수집해 양식장에다 씨앗 뿌리듯 듬성듬성 뿌려 줘서 얼마만큼 자라면 캔다. 정녕 바다는 삶의 터전인 밭이요, 논이며 개펄은 결코 버려진 땅이 아니라 주인 있는 살터다.

해물칼국수집에서도 새삼스럽게 공부를 한다. 반지락 껍질을 빈 그릇에 후딱 던져 버리지 말고 상 위에 드러내서 잇달아 나란히 줄을 세워 보자. 무엇보다 껍질의 무늬를 유심히 뜯어볼 것이다. 반지락끼리도 비교하고 좌각과 우각의 것도 비교하자. 아마도 무늬가 꼭 같은 조개를 찾기 어려울 것이다. 일종의 개체 변이라는 것으로 그렇게 무늬가 다양하다! 그리고 오른쪽 껍질과 왼쪽 껍질의 무늬를 비교해 보면 하나같이 두 쪽이 같은 좌우 대칭左右對稱이다. 참 신기하다는 생각이 들 것이다. 그러나 또래들 중에는 무늬가 다른 짝꿍이 나오는 수도 있다. 일종의 돌연변이다. 예외 없는 법칙은 없다더니만, 돌연변이가 없는 진화는 없다.

'조개젓'이라는 것이 언제나 입맛을 돋운다. 곰삭은 굴젓이나 조개젓은 밥 잡아먹는 도둑놈이다. 조개로 만든 젓갈은 거의가 반지락으로 담은 것이다. 굴도 그렇지만 남해안 곳곳에는 반지락을 잡아다 껍데기 까는 곳이 있으니, 거길 가 보면 역시 껍데기 무덤이 산더미를 방불케 한다. 조갯살을 비닐팩에 넣어 팔기도 하고, 소금에 절여 독에 넣어 묵혀 두면 발효되면서 짜되 감칠맛 나는 젓갈이 된다. 무지하게 짠 곳에서만 사는 특수한 유산균이나 효모yeast가 있으니 그것들이 단백질을 분해하여 아미노산, 유기산으로 분해한다. 단백질 발효는 까나리젓 등의 생선 젓갈도 마찬가지다. 부패가 썩는 것이라면 발효는 익는 것이다. 마땅히 발효한 사람이 되어야 한다.

분명 오늘도 남서해안의 바닷가 사람들은 물 나기를 기다렸다가 어김없이 반지락을 캔다. 어렵사리 개흙을 차근차근 호미로 긁어 알토란 같은 반지락을 그릇에 주워 담는다. 호미는 밭 호미와 비슷하나 날이 보다 좁고 끝이 예리하다. 벼 모종인 모는 뒤로 가면서 심지만 반지락은 앞으로 파 들어간다. 처음 하는 사람은 우왕좌왕 땅속의 반지락 있는 자리를 알지 못한다. 매사가 모르면 오지랖에 싸 줘도 모르는 것이지만 알고 보면 그리 쉽다. 썰물에 바닷물이 밀려 나가고 나서 물이 잦아들면 촉촉한 모래개펄 바닥에 조그만 구멍이 생기니, 이렇게 구멍이 나타나는 것을 "바지락 눈 떴다."고 한다. 그 구멍은 다름 아닌 숨구멍으로 출수공이 있는 곳인데, 그 밑에 반지락 놈이 들었다! 그것들이 있는 자리에 문득 손이 가는 날에는 나 여기 있소, 하고 움찔 출수관에서 물을 쭉 뿜는다. 일본이나 서양에서는 트랙터로 감자 캐듯 한다고 하는데 아마도 우리나라도 일부 그렇게 하고 있을 터이다. 죽자 살자 호미질 하는 것에 비하면 식은 죽 먹기다.

젊은이에게 가난은 은인이요, 스승이라 했다. 고생은 사서도 한다고 했지만 오늘도 물 난 개펄에서 땅거미가 잦아들 때까지 어지간히 닳아빠진 조개 호미로 날렵하게 개펄을 쉼 없이 애써 긁어 매고 있는 아낙들이 있다! 하는 일이 힘에 부치고 벅차지만 그게 살림 밑천이요, 생의 뒷받침인 것을 어쩌겠는가. 가난한 사람이 꼭 불행한 것만은 아니니 없음을 즐겨라! 머잖아 할머니가 되고 말 아주머니가 아닌가? 젊고 성하다는 연부역강年富力强도 잠시, 누구도 세월을 비켜갈 수 없는 법.

"간밤에 물가에 기어 나와 사스락거리며 돌아다니던 조개들…. 자욱이 내려앉은 흰 새떼에 살을 앗기고 빈 껍질만 남았다." 반지락도 물새들의 좋은 먹이가 되기에 하는 말이다.

16) 맛조개(*Solen strictus*, razor clam, jackknife clam)

맛조개는 이매패강, 죽합과竹蛤科, Solenidae의 패류貝類로, 지역에 따라서 죽합, 개맛, 참맛이라 부른다. 우리는 '대竹 조각 둘을 포개 놓은 꼴을 한 조개'라 하여 죽합이라 하는데, 서양 사람들은 접개 칼을 닮았다 하여 'razor clam' 또는 'jackknife shell'이라 부른다. 조개 한 마리를 놓고 이렇게 보는 것까지도 달라서 우리는 대쪽으로 비유했는데 그 사람들은 칼을 연상했다!? 뭔가 섬뜩하다. 순하되 순하면서 자연에 순응하는 우리네라면 그들은 서슴없이 공격적이고 도전적이지 않던가? 그건 그렇다 치고, 속명의 '*Solen*'은 관이라는 뜻이며 종명 '*strictus*'는 꽉 닫는다, 세게 묶는다는 뜻이다. 한국산 죽합과 조개는 모두 7종으로 맛조개, 비단가리맛, 큰죽합 등이 있으며 이들 중에서 우리가 가장 즐겨 먹는 것이 바로 이 해산 이매패인 맛조개다. 맛조개의 '맛' 은 '맛나다' 의 맛일 수도 있고, '음식의 옛말'로 먹을 수 있다는 뜻이 될 수도 있다.

이 조개는 내만이나 강 하구 조간대의 진구렁에 살며, 껍데기 길이 10~15센티미터, 너비 1.5센티미터 정도이다. 댓조각처럼 가늘고 긴 원통형이며 한쪽 끝은 뾰족한 것이 칼끝처럼 생겼다. 껍데기는 전체적으로는 연한 녹갈색이지만 껍질이 벗겨지면 흰색이 드러난다. 패각은 얇은 편이고 성장맥이 뚜렷하며, 맛살은 옅은 붉은색이고 굽거나 삶으면 부드럽고 졸깃한 게 아주 입맛을 돋운다. 경우에 따라서는 낚시 미끼로도 쓴다. 음식은 언제나 그것이 생긴 곳에서 먹어야 제맛이 나는 법. 서해에 그것들이 터줏대감으로 살고 있으니…, 그리운 것은 언제나 멀리 있구나!

개펄이나 모래펄에 열쇠 구멍 모양의 숨구멍을 내놓고 있으며, 다른 조개들에 비해 수관(입수관, 출수관)이 유난히 길다. 수온이 섭씨 20도 이상으로 상승하는 6~7월에 산란하며, 갯벌에 물이 차면 위로 올라와 다른 조개들이 그러하듯이 물속의 유기물을 걸러 먹는 '여과 섭식' 을 하고 물이 빠지면 다시 흙 속으로 파고 내려간다. 헌데, 녀석들이 이따금 엉뚱하게 헤엄치는 수도 있다고 한다.

　일반적으로 조개들을 잡아서 그물 망태기에 담아 먼 섬에서 뭍까지 오는 데도 시간이 걸리지만, 그것을 시골 시장 바닥의 좌판에 내놓아 며칠을 몹시 부대끼더라도 다부지게 잘 견딘다. 잘 죽지 않는다는 말인데, 껍데기 안을 외투막이라는 얇은 막이 둘러싸고 있으면서 그것이 물을 가둬 두고 있어 그렇다. 썰물 지고 몇 시간을 물 없이 숨을 몰아쉬며 견뎌 냈으니 평소에 독하게 단련한 탓일까? 너나 할 것 없이 더운 여름에는 아무래도 빨리 상한다.

　썰물 때, 입출수공이 있는 곳을 알려 주는 작은 숨구멍을 찾아 진흙탕을 걷어 내면 타원형의 구멍이 낱낱이 드러나는데, 이 구멍에다 일부러 챙겨간 통소금을 마중물처럼 들이부으면 짠맛에 기겁하여 후다닥 용트림 치며 불쑥 튀어나온다. 이렇게 잡기도 하고, 끝을 구부려 화살꼴로 만든 가는 철사나 '써개' 또는 '맛새' 라 부르는 나무 꼬챙이를 숨구멍에 쑤셔 집어넣으면 맛조개가 놀라 껍데기를 싹 닫으면서 철사나 꼬챙이를 덥석 물게 되는데, 이때 쓱 낚아채기도 한다. 긴 세월 내리 파란곡절波瀾曲折 끝에 습득한 맛조개의 생태 아니겠는가. 그러나 그게 어디 말대로 쉬운가? 안고수저眼高手低라고, 이론은 훤해 말은 쉬우나 손이 서툴러 실력이 따르지 않는다. 아, 허리가 내 것이 아니다. 한나절 낑낑거려도 몇 마리 건지지 못하는 탓에 하는 소리다.

조개가 어떤 자극을 받으면 수관에서 물줄기를 쭉 쏘아 대니 그곳을 파고들면 손에 잡히는데, 사람이 파는 속도보다 이것들이 밑으로 파고 들어가는 속도가 더 빠르니 그만 놓치고 마는 수가 많다. 서양에서는 이렇게 조개잡이하는 사람을 'clam digger(조개 파는 이)'라 한다. 맛조개의 수명은 대략 5년인데 알래스카에 사는 한 종은 15년이나 산다고 한다. 그들의 천적은 게나 물새, 여러 종류의 물고기이며 사람도 그중에 드는 것은 말할 필요가 없다. 서태평양에서 일본, 한국을 거쳐 필리핀, 태국에 걸쳐 산다.

17) 백합(*Meretrix lusoria*, Venus clam)

이매패강, 백합과에 속하는 연체동물문으로 백합과 조개는 세계적으로 400여 종, 우리나라에는 반지락, 개조개, 가무락조개, 대복, 비너스조개, 떡조개 등 모두 24종이 있으며 입수공과 출수공이 매우 발달했다. 모양은 둥근 것, 삼각형, 사각형에 가까운 것 등 매우 다양하며, 아가미가 발달하여 여과 섭식하기에 알맞다. 영어로는 '비너스조개Venus clam'라 부르는데 비너스는 사랑의 여신의 이름을 딴 것으로 아마도 조개들이 예쁘게 생겼다는 뜻이리라. 우리가 주로 먹는 어패류 중에서 대부분의 조개들이 여기에 속하며, 뭐니 뭐니 해도 이 중에서 백합이 가장 맛있는 최고급 조개다.

백합은 맛이 백百 가지여서, 또 조개의 속살이 하얗기白 때문에, 또는 조개들마다 껍질의 무늬가 같은 것이 없고 백百 가지 조개들이 각양각색으로 모두 다르기에 백합이라 부르게 되었다고도 한다. 참고로 백수白壽란 '흰 나이'가 아니라 아흔 아홉 살을 말하는 것으로, '百'에서 '一'을 빼면 '白'이 되기 때문이다. 마찬가지로 백합의 白은 희다는 뜻이라기보다는 많다는 의미다.

백합은 말백합과 함께 우리나라에서는 주로 서남해안의 조간대 개펄에 나고 크기는 대개 높이 6~8센티미터, 길이 8.5~9.5센티미터로 상당히 낟알이 굵은 편이며, 주치와 측치側齒가 각각 2개씩으로 매우 발달하였다. 백합의 수명은 약 8년 정도로, 3년생이면 성적으로 성숙하여 스스로 번식할 수 있으며, 8년생 백합은 거짓말 조금 보태서 어른 주먹만 한 크기다. 자생하는 것 말고 양식을 하기도 하니, 전라도 부안과 서해안의 태안 지역에서 활발하다고 한다. 참고로 갯벌이라고 해서 아무나, 아무 곳에나 종패를 뿌릴 수 없으니 거기에도 논밭처럼 다 주인이 있는 탓이다.

껍데기는 아삼각형亞三角形에 가까우며 아주 두꺼운 것이 특징이다. 두 껍질을 이어 주는 인대는 흑색으로 크게 돌출하며, 각피는 맨들맨들한데 아주 광택이 나고 2개의 굵은 암갈색 '八'자字 띠 또는 '∧∨' 무늬가 뚜렷한 것이 한마디로 생김새가 늘씬하고 근사하다! 백합은 상합, 생합, 대합, 피합, 참조개 등의 여러 방언을 가지고 있으며 전복全鰒에 버금가는 고급 패류이다. 옛날에는 궁중 음식에 쓰였다 하며, 필자가 어릴 때만 해도 이 조가비에 연고軟膏를 담았고, 바둑의 흰 돌을 만들며, 태워서 만든 석회는 고급 염료로도 쓴다고 한다. 그때는 지금이야 흔해 빠진 나일론 양말, 물건들을 싸는 비닐도 없었으며 유리병 하나 변변치 못했으니 연고 담을 약통 없는 것은 당연하다. 자연에 있는 것들을 그냥 그대로 썼을 뿐 다른 방도가 없었다. 백합조개는 모양이 예쁘고 껍질이 꽉 맞물려 있어 부부 화합을 상징한다 하여, 일본에서는 혼례 음식에 반드시 이것을 넣는다고 한다. 일본이 우리보다 '조개 문화'를 많이 가졌을 것이라는 것은 짐작할 수 있을 것이다. 우리도 다르지 않아서 조개를 본뜬 색동 자수조개 노리개 같은 전통 공예품을 선물용으로 파는 것을 볼 수 있다. 여자 아이들 노리개의 하나인 부전조개는 모시조개 따위의 껍데기 두 짝을 서로 맞추어서 온갖 빛깔의 헝겊으로 알록달록하게 바르고 끈을 달아 허리띠 같은 곳에 찬다. '부전조개 이 맞듯' 이라는 속담이 있으니 부전조개의 두 짝이 빈틈없이 들어맞는 것과 같다는 뜻으로, 사물이 서로 꼭 들어맞거나 의가 좋은 모양을 비유적으로 이르는 말이다. 무엇보다 백합은 회, 죽, 탕, 구이, 찜 등으로 사람의 입맛을 돋운다.

백합은 호미나 특수한 칼로 개펄 바닥을 긁어 잡기도 하지만 근래는 경운기를 굴려서 감자나 마를 캐듯 갯벌의 흙을 깊게 파헤쳐 잡는다. "새끼 많이 둔 소 길마 벗을 날 없다." 하던가. 이렇게 자식들 먹여살리려 하는 바다 사람들은 뼈에 사무치게 찌든 일을 해야 하니 하루도 편한 날이 없다.

대합조개 글을 쓰면서 언뜻 선뜻 푹 끓여 우러난 뿌연 조개 국물이 대뇌에 푹 박혀 있는 조건 반사 중추를 내리 때려서 입 안에 침이 한가득 고인다! 술국으로 최고 아니던가! 무척 비싸기에 부르는 게 값이다. 그 국물 한번 얻어 걸치는 것도 언감생심焉敢生心, 감히 그런 마음을 품을 수 없구나. 아마도 목로주점木壚酒店, 선술집인 조개구이 집에서도 이 조개를 만나기는 어려울 테다. "국밥 한 그릇을 먹으면서도 그 속에 든 소의 울음소리를 듣는다."고 했는데…. 우리나라, 일본, 타이완, 중국, 필리핀, 동남아시아에 서식한다.

18) 가무락조개(*Cyclina sinensis*, corb shell)

백합과의 이매패류로, 조개껍데기가 검다하여 '가무락'이라는 말이 붙었으며, 서양의 보통 이름인 'corb shell'의 'corb'는 '석탄을 캘 때 쓰는 바구니'를 뜻하는 것으로 역시 '검다'는 의미가 들어 있다. '가무락' 말고도 '까마중', '가막골', '까막까치' 등에 붙는 '까마', '가막', '까막'은 모두 까맣다는 뜻이다. "가뭇없이 사라지다."란 흔적도 없이 재빠르게 사라진다는 뜻인데 여기서 '가뭇하다'는 말도 '가무스름하다'는 의미이다. 하지만 예외 없는 법칙은 없어서 가무락조개 중에는 회색인 것도 있다. 속명 *Cyclina*는 '둥글다'는 뜻이고 종명 *sinensis*는 '중국中國'을 뜻한다. 학명 이야기를 조금만 보탠다.

학명은 원래 라틴 어로 여기서 보듯이 이탤릭체로 써야 하며, 손으로 쓴다면 이탤릭체를 못 쓰니 학명 아래에 <u>Cyclina sinensis</u>처럼 밑줄을 긋는다. 보통 속명屬名, generic name은 라틴 어로 명사형이라 대문자로 쓰고, 종명種名, specific name은 형용사형이라 소문자로 쓰며, 일본이나 우리나라의 식물학에서는 종명을 종소명種小名이라 쓴다. 학명에 그 생물의 특징이 들어 있는 것이 보통이며, 그 생물과 연관 있는 사람의 이름이나 채집한 장소명을 넣는 수도 있다.

학명에 비해 국명國名, Korean name이라는 것이 있다. 이를테면 지방에 따라 어떤 한 식물을 솔, 소풀, 정구지, 부추 등 여러가지 사투리로 다르게 부르기에 그것의 표준어에 해당하는 우리말 이름을 정해 쓰니, 이 식물의 이름이 '부추*Allium tuberosum*' 이다. 이렇게 국명이 필요한 까닭은 단번에 알아차리겠는데, 학명은 왜 필요한가? 일반적으로 이것은 국내용이 아니고 국제용인 것이다. '*Cyclina sinensis*'라 하면 세계의 모든 학자들이 어떤 생물인지 알 수 있다. 다음은 실화다. 조류학자 원병오 선생님께서 북한을 갔을 때 그곳 조류학자와 이야기를 하던 중, 물새 한 종을 놓고 말이 통하지 않았다고 한다. 그 새의 국명이 서로 달랐던 탓이다. 그때 원 선생님께서 학명을 들이댔더니만 "아! 그 새 말입네까?" 하였다고 한다. 이렇게 만물은 다 제 이름을 가졌다! 만일에 '이름 없는 새'나 '이름 없는 풀'이 있다면 그것은 학계가 놀랄 새로운 종이다!

가무락조개는 지역에 따라 다양한 방언으로 부르는데 까막조개, 까막, 깜바구라고도 부른다. 패각의 높이와 지름은 각각 약 5센티미터로 둥글고 두꺼운 편이며, 약간 부풀어 조개가 불룩해 보이는데, 가는 성장선이 규칙적으로 나타나 있다. 껍데기 전체가 까맣고 패각의 끝자락 둘레는 둥글게 흰색으로 둘러싸였으며 가장자리에 작은 톱니가 있다.

내만이나 연안 근처의 진흙 개펄 속에 살면서 바닷물 속의 플랑크톤이나 유기물을 걸러 먹는다. 여느 조개처럼 초여름인 6~7월 중에 산란하며, 역시 체외 수정하여 유생은 물속을 떠다니다가 몸집이 커지면 바닥에 가라앉는다. 한국에서는 남해안과 서해안에 살며 서해안에 특히 많다. 가을부터 이듬해 봄까지가 제철로 냄새가 적고 맛이 부드러워 널리 요리에 쓰이니 껍질을 벗긴 살을 튀김이나 조림을 해서 먹고, 껍질째 삶아 국이나 찜으로 이용하기도 한다.

여태 자연산을 개펄에서 직접 채취해 왔으나 이제는 조간대 펄에다 종패를 뿌리는 방식으로 양식한다고 하며, 맛이 반지락보다 좋고 수확량이 적기 때문에 값이 다락같이 높다. 가무락조개는 특별한 도구 없이 담을 그릇(종태기)만 가지고 다니면서, 바닷물이 밀려나가고 수관이 열려 '가무락 눈'이 보이는 자리를 구부정한 허리를 굽혀 파서 잡는다. 홍콩, 필리핀, 남동 중국해와 타이완, 한국, 일본 등지에 서식한다.

19) 동죽(*Mactra veneriformis*, surf clam)

개량조개과의 이매패로, 우리나라 서해안처럼 모래나 진흙이 많은 조간대에 살고, 어떤 것은 파도가 찰랑거리는 얕은 물에도 살고 있으니 영어 보통 이름인 'surf clam'이란 '파도가 치는 곳에 사는 조개'라는 뜻이다. 각정부가 높(길)고 각폭이 넓으며 전체적으로 보아 둥근 삼각형이다. 패각에는 굵은 윤륵輪肋, 바퀴 모양의 둥근 주름돌기이 많으며 껍질은 회백색이다. 껍데기 길이 약 5센티미터, 높이 약 4.5센티미터, 너비 약 3.5센티미터로 식용한다. 한국에 사는 개량조개과는 7종이 보고되었으며 개량조개, 명주개량조개, 북방대합 등이 이에 속한다. 한국, 일본, 타이완 등지에 서식한다.

20) 왕우럭조개(*Tresus keenae*, giant shellfish)

개량조개과의 이매패로 껍질에 해조류가 많이 붙어 있으며, 부산, 여수, 울산, 울릉도에서는 부채조개라 부르고 인천 쪽에서는 주걱조개라 부른다. 이름 앞에 '왕王' 자가 붙었으니 무엇을 의미하는지 독자들도 짐작할 것이다. '왕짜', '대짜' 하면 큰 놈이란 뜻이 아닌가? 껍데기 길이가 9센티미터 정도인 큰 조개로 껍데기는 두껍고 약간 부풀어 올라 있는 삼각형에 가까운 모양이다. 대부분의 조개가 살을 껍데기 안에 숨기고 있다가 필요할 때에만 드러내는 데 비해 왕우럭조개는 내용물을 일부 내놓고 다닌다. 앞 끝(발이 나오는 쪽에 입이 있어 앞임)과 뒤 끝은 열려 있고, 특히 뒤 끝의 개구부開口部가 커서 큰 수관이 길게 나온다. 길쭉하고 통통한 수관은 거무스름하며 질긴 껍질로 싸여 있다. 수관의 검은 껍질을 벗겨 버리고 초밥에 사용하며, 살이나 패주는 회로 먹기도 한다. 씹는 맛이 전복과 유사하고, 비린내가 거의 나지 않으며 감칠맛이 있어 인기가 있다. '뚝배기보다 장맛'이라고 생긴 것은 좀 그렇지만 맛은 내로라하는 조개들 중에도 일품一品! 얕은 모래진흙 바닥에서 살며, 한국과 일본의 해안에 분포한다.

21) 낙지(*Octopus variabilis*, whiparm octopus)

산 낙지를 어떻게 잡을까? 이것은 낙지의 서식 생태를 아는 데 큰 도움이 된다. 고백컨대 글쓴이도 조개만 잡았지 낙지를 잡아 보지 못했다. 그럴 마음의 겨를이 없었던 것이지. 낙지는 조개를 주로 잡아먹으므로 조개가 있는 곳에 낙지 있다! 바다 사람들은 놈들의 생태를 빠삭 꿰고 있어서 우리 같은 사람은 깜냥이 안 된다. 헌데 갯벌에 웬 삽을 든, 고단한 삶이 묻어 있는 아낙과 남정네가 있단 말인가? 그들의 눈에는 낙지가 어른거린다! 사마귀는 매미를 노리느라 참새가 자신을 노리고 있는 것 모르고, 참새는 포수가 자신을 노리고 있는 것을 모른다. 아니, 이게 먹이 사슬이 아닌가?

겨울철에는 날씨가 춥기 때문에 낙지가 구멍을 깊게 수직으로 파고든다고 하지만 보통 깊게 들어가 봤자 30센티미터 내외라고 한다. 무엇보다 질펀한 펄에서 낙지 구멍을 찾는 것이 급선무다. 낙지는 앞에서 말했듯이 조개가 많이 있는 개펄에 구멍을 뚫고 들어간다. 그러므로 낙지를 잡고자 하면 조개가 숱하게 꼬이는 자리를 찾아야 한다. 뱀은 언제나 개구리가 들썩거리는 곳에 있듯이….

　개펄에는 셀 수 없이 많은 숨구멍들이 있는데, 그것을 일일이 다 파 볼 수는 없다. 그러나 낙지 구멍은 다른 구멍과 좀 다른 점이 있으니 아는 만큼 보인다는 것은 여기서도 해당하는 말이다! 그것은 바로 숨 쉬기 위해 만들어 놓은 숨구멍의 모양이다. 개펄에 가 보면 입구에 푸른색을 띠는 구멍이 숭숭 뚫린 고운 펄이 종종 눈에 띈다. 앞에서 언급했듯이, 두족류의 호흡 색소가 헤모시아닌인 탓이다. 그런 푸른색이 흥건히 퍼져 있고 가운데 작은 구멍이 한두 개 뚫려 있다. 그것이 대부분 낙지의 숨구멍이지만 절지동물인 '설게'나 '쏙' 녀석도 아주 비슷한 굴을 판다. 때문에 이 둘은 갯사람들도 여간 헷갈리는 것이 아니라한다. 세상에 만만하고 녹록한 게 없더라!

　몸을 쓰지 말고 머리를 부리라 했겠다. 이제 낙지의 숨구멍을 찾았다! 그렇다고 숨구멍부터 파기 시작하면 아쉽게도 그르칠 가능성이 높다. 그러면 어떻게 해야 하는가? 숨구멍 근처를 어슬렁거리며 잘 살펴보면 보통 50~60센티미터 근방에 또 구멍이 있다. 근방의 돌을 들춰 보면 거기에 구멍이 있으니 그것이 바로 낙지가 드나드는 입구이고, 그 구멍을 손가락으로 따라가며 호미나 삽으로 슬그머니 파 들어가면 곧 낙지와 부닥친다!

너 이놈, 꼼짝 말라! 낙지는 대부분이 구멍을 한 방향으로만 팔 뿐 중간에 휘어지지 않는다고 한다.

이보다 쉽게 잡는 법이 또 있다. 봄부터 여름에 걸쳐 물이 많이 나가고 들어오는 사리 때의 밤, 간조 시간에 맞추어 손전등을 들고 다니다 보면 뜻밖에 낙지가 헤엄치거나 구멍에 머리를 쏙 내밀고 있는 수가 있다. 일종의 천렵川獵이다. 한달음에 달려가 말 그대로 주워 담기만 하면 된다. 낮에는 간조 시에 바다에 널려 있는 바위를 들춰 보면 종종 낙지가 매섭게 노려보고 있다고 한다. 암컷은 보통 120~130개의 알을 굴 안벽에다 낳으며, 알이 부화하여 나올 때까지 암컷이 굴을 지킨다. 보통 2년이면 성체가 되고 수명은 약 3년으로 여겨진다. 참고로 '세발낙지'는 발이 가늘다細는 뜻이지 발이 3개란 뜻이 아니고, 산 낙지는 산山에 나는 낙지가 아니고 살아 있는生 놈이라는 뜻이다. 이것들은 주로 우리나라 전라남북도 해안과 일본, 중국 등지에 산다.

완족동물

　완족동물腕足動物門, Brachiopoda이라는 단어 'Brachiopoda'를 분석하면, 'brachium'은 라틴 어로 팔arm이라는 뜻이고 'poda'는 발foot이라는 의미로 둘을 합쳐 '팔다리腕足'로 번역하였다. 부언附言, 재언再言하지만 과학은 그 뿌리가 서양이라 우리가 쓰는 과학 용어는 거의 다 영어를 번역한 것으로, 일본에서 쓴 것을 그대로 재번역한 것이다. 그래서 영어, 독어, 불어 등 외국어를 잘하지 못하면 세계적으로 알려진 깊이 있는 과학 연구는 힘들고 어렵다. 아니 결과적으로 불가능한 것이다. 논문은 물론이고 발표도 외국어로 해야 하니 말이다. '과학의 역사'를 무시할 수 없다. 그 어렵고 성가신 외국어 공부가 무역, 외교, 문화 교류들을 위해서도 당연히 필요하지만 과학 연구에는 더더욱 필수적인 밑천임을 인지해야 할 것이다.

　완족동물은 모두 해산海産으로 조간대 상부의 개펄에 살며,

개펄 바닥에 몸을 박아 머리의 반 정도만 밖으로 내놓고 산다. 현재 살아 있는 종은 약 300~500여 종이며 고착 생활을 하는 아주 오래된 생물로 은행나무 같이 지구 역사의 증인인 살아있는 생화석生化石이라 부른다. 거의 모든 종이 고생대 말엽에 사라져 99퍼센트가 화석으로 남아 있다. 완족동물은 3억 5천만 년이라는 억겁億劫의 세월 동안 조금도 변하지 않고 그대로라고 한다. 실제로 채집을 하다 보면 늘 바닷가 여기저기에 나뒹구니 애물단지 취급하지만 채집이 영 안 돼서 죽 쑤고 있을 때엔 연체동물이 아니라는 것을 뻔히 알면서도 하도 비슷하기에 몇 마리 잡아 넣어 온다. 얼토당토않은 일인 줄 알지만 그렇게 해서라도 채집이 헛되지 않았다는 것을 위로하자는 심사다.

고생대만 해도 개체가 많았을 뿐 아니라 아주 다양하였으나, 중생대에 접어들면서 터무니없이 줄어들면서 대신 연체동물이 재빨리 늘었다. 완족동물은 날벼락을 맞았지만 연체동물은 지금도 끄떡 없이 제자리를 잘 보존하고 살아가고 있으니, 어느 학자는 연체동물과 완족동물이 아옹다옹 다퉈 완족동물이 밀려났다고 주장하지만 다른 학자들은 그것은 '밤바다에서 스쳐 지나가는 배들'처럼 '우연히 일어난 일'에 지나지 않는다고 주장한다. 완족동물은 골동품이나 박물관의 소장품으로 쓰였고, 또 지질학적 연대 측정 등 일찌감치 고생물학古生物學, archaeobiology 연구에 이용되었다.

완족동물은 크게 나누어 무관절류無關節類, inarticulate와 유관절류有關節類, articulate로 나누는데, 껍데기가 근육에 의해 닫혀 있는 무관절류에 속하는 개맛은 껍데기의 길이가 4~5센티미터, 너비는 약 1.5센티미터이며, 육경肉莖, pedicel, 육질부의 자루의 길이는 4~5센티미터이다. 몸은 배와 등이 2장의 석회질 껍데기로 싸여 있고 껍데기 사이에서 긴 육경이 튀어나와 있으며, 껍데기는 녹색으로 약간 편평한 직사각형이다. 표면은 매끈하고 동심원상의 성장선이 있고, 촉수는 베이지색이다. 원래 '개살구', '뱀딸기'처럼 '개'나 '뱀'과 같은 말이 붙으면 못생겼거나 먹지 못 할때 쓰는데 여기서는 '좀 다르다'라는 뜻으로 쓰였다고 본다.

유관절류인 '조개사돈'과 연체동물의 이매패를 얼핏 견주어 보면 껍데기 두 장이 아주 비스름하여 보통 사람은 백발백중조개로 여기기 십상이다. 조개는 2장의 패각이 같아서 대칭으로 경상鏡像을 하지만 완족동물은 잘 보면 패각 2장이 똑같지 않고 하나는 크고 다른 하나는 작아서 패각의 끝이 맞물리지 않고 어긋난다. 껍데기는 아래위가 뒤집어져 있어서 위에 있는 복부 패각이 아래에 있는 등 패각보다 훨씬 크다. 전체 모양이 불을 밝히는 램프를 닮았기에 영어로 'lamp shell'이라 부르는데, 실제로 로마 시대에 기름 램프로 썼다고 한다. 조개처럼 아가미로 먹이를 걸러 먹는 여과 섭식을 한다는 점에서는 성질이 같다. '조개사돈'이라는 말에서 '사돈'은 '다른 듯 닮았다'는 뜻이다. 거기가 거기라지만 "뒷간과 사돈댁은 멀어야 한다."고 했는데, 달리 말하면 사돈끼리 너무 가까이 살면 이런 저런 말이 많아 서로 티격태격 시비곡직是非曲直 따지면서 헐뜯고 부딪친다는 의미다.

다시 말하지만 완족동물의 일부는 연체동물의 이매패처럼 껍데기가 2장인데, 이매패에서는 좌각과 우각이 꼭 같아 좌우 대칭을 이룬다면 완족류에서는 상각上殼과 하각下殼이라 부르며 대칭되지 않는다. 그리고 연체동물과 완족동물의 패각은 주성분이 둘 다 탄산칼슘과 단백질이지만, 다른 금속 물질을 따져보면 연체동물은 아라고나이트aragonite라면 완족동물은 인회석燐灰石, apatite 이거나 방해석方解石, calcite인 것도 서로 다른 점이다. 그러나 이 두 동물이 닮은 것은 수렴진화收斂進化를 한 탓으로, 애초부터 서로 계통이 다른 생물이면서도 외관상 서로 닮아가는 현상이 일어났던 것이다. 한국의 서해안과 남해안, 중국, 필리핀, 인도양 등 세계 도처에 분포한다.

절지동물의 갑각류

　그 많은 절지동물節肢動物, arthropod 중에 개펄에 사는 것은 하나같이 갑각류甲殼類, crustacean다. 육지를 곤충昆蟲이 거의 다 차지했다면 바다는 갑각류 세상이다. 새우나 바닷가재, 게 따위의 갑각류는 다른 절지동물처럼 외골격外骨格을 가지고 있어서 겉이 아주 단단하며, 등딱지로 둘러싸인 커다란 머리가슴과 배로 나누어진다. 배는 아주 작아서 "게 꽁지만 하다."고 한다. 다른 말로는 "노루 꼬리만 하다."거나 "두꺼비 꽁지만 하다."고 한다. 머리가슴부의 전단부前端部, 앞 끝부분에는 자루 끝에 있는 1쌍의 눈과 2쌍의 더듬이가 있고, 그 뒤에 집게 다리鉗脚 1쌍과 걷는 다리步脚 4쌍이 붙어 있다. 이들 5쌍의 다리는 저마다 모두 7마디로 되어 있다. 뭐니 뭐니 해도 갑각류의 제일 큰 특징은 더듬이가 2쌍이라는 것이다. 개펄이나 바다에 사는 절지동물의 대부분이 갑각류라는 것도 그렇지만 바다에 양서류兩棲類, amphibian

가 없다는 것도 특이한 일이다. 개구리나 도롱뇽 같은 '물뭍동물' 들은 부드러운 피부를 통해 살갗 호흡을 하기에 그런 것일까?

　오뚝 눈을 얹은 게의 눈자루眼柄는 이마의 양 옆에 솟아 있어서 자유로이 움직일 수 있고, 이마 바깥쪽으로 눈자루에 맞는 홈이 있어 곤두세웠던 눈을 접어 넣어 감출 수 있다. '마파람에 게 눈 감추듯' 한다는 말은 얼떨결에 재빠르게 행동하는 것을 비유한다. 마파람은 알다시피 뱃사람들의 은어로, 남풍南風을 이르는 말이며 '마풍麻風' 또는 '앞바람' 이라고도 한다. 그런데 구멍을 파고 사는 게들은 특히 눈자루가 길뿐더러 눈(겹눈)을 움직이는 동작이 날렵하다.

　새우 무리와 집게 무리도 5쌍의 다리를 가지고 있으므로 게류와 함께 십각류十脚類라 부르는데, 게 무리는 새우나 집게와는 달리 머리가슴이 발달하고 배가 퇴화되어, 머리가슴의 아래에 복부가 접혀 붙어 있다. 같은 종류라 할지라도 그 배의 크기는 성별에 따라 다르니, 수컷의 배딱지는 매우 길쭉하며 작고 좁으며 앞부분에 배다리가 변한 교접기交接器가 있는 반면 암컷의 배는 사방 넓적하고 펑퍼짐하며 4쌍의 작은 돌기(다리)가 붙어 있고, 거기에는 가느다란 털이 촘촘히 나 있어서 알을 듬뿍 달라붙게 하기에 알맞다. 암탉도 암컷 오리도 암게를 닮아 엉덩이가 넓적하다! 사람도 골반^{骨盤}이 커야 순산하는 것과 같은 이치이다.

보통 바닷가에 사는 게들을 일러 '해변의 지배자'라 부른다. 게는 새우나 가재, 따개비들과 함께 절지동물의 갑각류에 속한다. '甲殼'이라는 말은 껍질^殼이 딱딱하다^甲는 뜻이며, 특히 커다란 등딱지가 야물어서 몸을 숨기고 적의 공격을 막기에 쉽다. 게다가 껍질이 딱딱하다 보니 해마다 허물을 벗어야^{脫皮} 몸피를 늘려 거듭날 수 있다. 그 딱딱한 성분은 큐티클이라는 물질인데, 그 껍질을 약물로 처리하여 녹여낸 것이 키토산 chitosan이다.

게를 뜻하는 '해^蟹'자는 벌레 충^虫자에 풀 해^解자가 더해 만들어졌는데, 정기적으로 껍데기를 벗는다는 의미가 들어 있다고 한다. 그런데 "소 잡은 터전은 없어도 밤^栗 벗긴 자리는 있다."고 하듯 소 잡아먹은 자리는 깨끗하게 뒤치다꺼리하여 모를 수가 있지만 밤이나 게 먹은 것은 어질러져 있어서 들통이 나고 만다. 배보다 배꼽이 더 크다거나 발보다 발가락이 더 크다 하듯이, 속살보다 껍데기가 더 많으니 게 먹은 흔적이 없을 수 없다. 다만 예외 없는 법칙은 없으매, 게가 막 껍질을 벗고 나면 껍질이 몰랑몰랑하여 송두리째 먹을 수 있다. 하여, 외국에서는 때맞게 껍질째 먹는 철이 따로 있다고 한다. 일맥상통 ^{一脈相通}

하지 않지만 "게 미워서 낙지를 샀다."는 말도 있다.

　게는 한자어로 '횡행공자橫行公子', '횡행개사橫行介士' 또는 '무장공자無腸公子'라 부르는데 횡행개사의 '개介'도 '갑甲'과 같이 '딱딱함'을 의미한다. 해조문蟹爪紋, 도자기의 겉면에 게의 발이 갈라지듯 잘게 난 금이나 도자기의 게 발자국 같은 무늬, 해행문蟹行文, 게걸음처럼 써 나간다는 뜻에서 옆으로 쓰는 것을 이르는 말 같은 말을 보더라도 우리 주변에서 게의 자취를 낯설지 않게 볼 수 있으며, 옛 그림에도 민물의 참게를 소재로 한 것이 많다. 그도 그럴 것이 우리나라는 삼면이 바다로 둘러싸여 있고, 특히 서해와 남해는 간만의 차가 심하고 바닷물이 얕아 조간대가 넓으므로 바닷가에 사는 게의 종류와 개체 수가 많아서 게를 관찰하고 이용하는 기회가 많은 탓일 것이다. 어느 문화치고 환경의 산물이 아닌 것이 없지 않는가?

　그렇다. 게를 횡행공자라고 했음은 우리가 흔히 보는 게들이 옆으로 기어 다니기 때문인데, 머리가슴의 모양이나 4쌍의 걷는 다리 구조가 옆으로 걷기에 딱 알맞다. 바꾸어 말하면, 머리가슴의 윤곽이 마름모꼴이거나 옆으로 길쭉하며, 다리의 마디가 폭이 넓고 마디와 마디 사이의 관절 구조가 안쪽으로 굽힐 수 있게 되어 있다. 게는 옆으로 기는 것이 살기에 편하게 적응, 진화한 것이다. 게가 우리를 보고 되레 홍소哄笑, 깔깔대고 키득키득 배꼽을 잡고 웃어 대겠지. 저 인간들은 어처구니없게도 앞으로 걷고 뛴다고 말이지. 이때껏 말했듯이 게는 옆으로 걷는 종류가 대부분이지만 물맞이게와 같이 아예 앞으로 걷는 것도 있고, 닭게와 같이 늘 뒤로 걷는 것도 있으며, 꽃게같이 헤엄을 치는 것도 있다. 하하, 게라고 다 옆으로만 기는 것이 아니로군!

"게 새끼는 꼬집고 고양이 새끼는 할퀸다."는 말이 있다. 유전적인 본능은 속일 수 없다. 그래서 혼사婚事에 집안을 본다. 집안의 내력을 보자는 것이다. 짝을 잘못 만나면 '게도 구럭도 다 잃는' 일이 생기니 신경 쓰지 않을 수 없다. 대부분의 게는 옆으로 기는 '게걸음' 유전자를 가졌다. 어미 게가 자식 게에게 "옆으로 기지 말고 앞으로 똑바로 걸어라."고 했고, 혀짤배기 아버지가 "나는 '바담 풍' 하지만 너는 '바담(바람) 풍' 하라."고 했다 하니, 자식 잘되길 바라는 부모들의 한결 같은 소망이 스며 있도다! 한편 태어난 아이가 언짢게도 옆걸음질 한다고 하여 여자가 임신을 하면 게를 먹지 말라 했고, 과거를 보러가는 사람도 게를 먹지 않았다고 한다. 그나마 앞으로 달려가도 붙을까 말까한데 게걸음질을 해서 어떻게 알성급제謁聖及第를 하겠는가.

게의 생활사는 꽤나 복잡하다. 수정란이 발생하면서 조에아zoea 미시스mysis의 유생 단계를 거친다. 이들 애벌레는 물에 둥둥 떠다니는 일종의 플랑크톤 생활을 한다. 그리고 알다시피 게는 굴을 파는 습성을 가지고 있다. "게도 구멍을 둘 판다."는 말은 준비성이 있다는 뜻으로, 이쪽에서 적이 공격해오면 저쪽으로 도망가겠다는 심보다. 그리고 'cancer암, 癌'라는 말의 어원이 'crab게'에 있다고도 한다. 어째 그럴까? 바로 게가 여기저기 옮겨 다니면서 굴을 파듯이 암세포도 한자리에 있지 않고 다른 조직으로 헤집고 파고들지 않는가. 전이轉移, metastasis라는 것이다.

게딱지는 게의 등을 덮는 석회질화 한 각피로 갑옷이 전쟁 때 화살이나 창검을 막기 위해 입던 옷이듯이 '甲'에는 야문 껍질이라는 뜻이 들어 있다. 게의 입은 구기口器라 하여 6쌍의 변형된 다리로 구성되어 있어 먹이를 걸러서 씹어 먹기에 알맞게 생겼다. 게의 호흡 기관은 아가미로, 아가미방 안에 들어 있으며 갑각에 덮여 있다. 공기를 녹이는 게거품은 게가 공기 중에 있을 때 입 밖에 생기는데, 아가미방과 연결되어 있는 구멍을 통해 물이 나간 것이다. 옛날엔 종로 바닥에 가을 민물참게를 새끼에 끼워 팔러 다니는 갈 길이 먼 사람들이 있었으니, 숨찬 게들이 하나같이 잔뜩 입에 게거품을 물고 있었다. 사람이나 동물이 몹시 괴롭거나 흥분했을 때 입에서 나오는 거품 같은 침을 '게거품'이라고도 하지만 이것은 진짜 게의 거품이다. 물이 없어도 공중의 산소를 그 거품들에 녹여서 숨을 쉬기에 참게가 쉽게 죽지 않고 오래 살아 있을 수 있다.

절지동물 중 갑각류는 전 세계적으로 3만 8000여 종이 알려져 있으며, 곤충류가 지상에서 크게 번성한 것에 견주어 갑각류는 바다에서 크게 번성하였기에 '바다의 곤충' 이라 부른다. 한국에 지금까지 알려져 있는 게는 180여 종으로 대부분이 구멍을 파고 사는 혈거성穴居性이다. "숲 하나를 두 마리의 여우가 나눠 살지 못한다."는 말도 있지만, 생물들은 살고 있는 장소를 교묘하게 서로 나누어 가지고 있다. 이를테면 저질의 모래에서는 조간대의 상부에 달랑게가, 낮은 곳에는 엽낭게가 살고 있고, 방게는 해변에서도 하구 근처의 진흙 바닥에서 살고, 갈게는 만조선밀물 때에 물이 미치는 가장 높은 곳 근처의 진흙 바닥에 흔하다. 흔히 이를 나누어 살기, 즉 분서한다고 한다. 게 구멍의 직경은 몸의 크기에 비례하고 구멍의 모양은 게의 종류에 따라 다르다. 그 구멍에 숨기도 하지만 썰물 뒤에도 바닷물을 담아 두어 숨쉬는 데 이용하기도 한다. 짖지 않는 개와 소리 없는 강물이 더 무섭다고 하듯 이리도 저리도 도망을 못 가는 막장 굴에 든 게는 사납게 문다. 도망칠 곳 없는 열 받은 쥐가 건곤일척乾坤一擲, 죽기 아니면 살기로 고양이에 달려들 듯 말이지.

문득 살아온 뒷모습을 새삼 되돌아보면 누구나 낯간지러워 이내 덮어 버리고 싶은 부끄러운 일도 많지만 거듭 드러내 놓고 자랑하고픈 것도 더러 있다. 옛날 신혼 때의 일이 새삼스럽게 생각난다. 사람은 추억을 먹고 산다고 했던가. 신혼 초, 처음 맞는 만추晚秋였을 것이다. 넉살 좋게도 "여보, 시장에 꽃게가 많이 났던데, 알 밴 암게 좀 사다 삶아 먹자."고 했다. 그 때만 해도 그 사람이 엇길, 게걸음질하지 않고 내 말을 잘 따랐다. 요새 그런 소리 했다가는 본전도 못 찾는다. 그렇게 다소곳하던 사람이 마침내 '호랑이'가 되어서…. 어찌됐든 10개의 다리가 꾸물대는 산 게 몇 마리를 사 왔는데 이게 웬일인가? 엉뚱하게도 게가 죄다 수컷이 아닌가? 그렇다! 보통 사람들은 게의 암수를 구별하지 못한다. 멀쩡하게 다른데도 말이지. 초래교부初來敎婦라, 기꺼이 결혼 초에 부인을 순응시켜야 한다고 했지. 당장 생물도 감을 가져와서 이건 이렇고 저건 저렇고 일일이 설명을 한다. 모름지기 아는 것이 힘! 그런데 옛 어른들은 결혼을 '이성지합二姓之合이요, 만복지원萬福之源'이라 하였다. 두 성씨가 하나 되는 것이 혼례요, 결혼에 만복이 들었다고 하였다. 곰곰 한번 새겨볼지어다.

　　부엌을 가까이 하면 이내 과학을 만난다. 어느 날 집사람이 살아 있는 꽃게를 사 와서 게장을 담으려고 정갈하게 다듬고 있었다. 거센 쇠鐵 솔로 억센 갑각과 배 바닥을 싹싹 문질러 씻은 다음 게를 바로 놓고 칼질을 한다. 잘 드는 칼로 꿈틀거리는 게 다리 끝, 넓적한 자리를 탁! 내리쳤다. 여기서 뜸을 좀 들여야 하겠다. 무슨 일이 일어났겠는가? 저런! 생뚱맞게도 칼이 닿지 않은 게 다리들도 더불어 마디마디가 자르르 툭툭 잘려 내리지 않는가! 짐짓 놀란 척 하는 것이 아니다. 뭘 좀 안다는 나도 화들짝 놀라 기겁하였다! 그렇다. 자절自切이라는 본능적인 자해 행위自害行爲이다. 도마뱀이 위기에 몰렸을 때 옛다, 먹어라! 하고 꼬리를 떼어 주듯 꽂게도 서슴없이 다리를 떼 주고 내뺀다. 물론 그 자리엔 금세 거뜬히 새살이 돋는다. 재생이다. 실험은 실험실에서만 하는 것이 아니다. 당신이 서 있는 그곳이 바로 어엿한 과학 실험실이다!

기꺼이 살 주고 알 주고, 키토산 약까지 주는 고맙기 그지없는 게다. 게는 옆으로 가도 제 갈 데는 다 찾아간다지. 참고로 큰 따옴표("")를 '게발톱표'라고 부른다. 참 멋진 비유가 아닌가!

개펄에 사는 갑각류 중 대표적인 몇 종의 특이한 행태를 살펴보자.

1) 갯강구(*Megaligia exotica*, sea slater)

절지동물문, 등각목, 갯강구과의 갑각류로 '바다바퀴'라고 불리는 동물이다. 몸길이 3~4.5센티미터로 체색은 누런 갈색 또는 검은 갈색이며 바닷가 바위나 돌 틈 어디에서나 본다. 실제로 언뜻 보면 우중충한 살색이나 크기, 꼴이 바퀴벌레cockroach

를 닮았으니 자주 보아 낯설지 않은 데도 선뜻 가까이 가는 것이 꺼려지고, 설레설레 기어 다니면서 알뜰살뜰 이것저것 쓰레기를 뒤진다는 점에서도 생태가 엇비슷하다 하겠다. 암튼 갯강구가 얼른 사람을 피해 스멀스멀 기어 숨는 것이 섬뜩하여 경계하게 된다. 하지만 이것은 갯강구를 어둡게 본 것이고, 생태학적으로는 해변을 깨끗하게 하는 고마운 청소부인 셈이다. 몸은 길쭉한 타원형이고 납작하면서 약간 볼록하다. 머리에는 갑각류의 특징인 기다란 2쌍의 촉각과 또렷한 눈이 붙어 있고, 암컷은 다른 갑각류처럼 배에 알을 품는다.

갯강구는 한곳에 버글버글 잔뜩 떼 지어 사는, 군생群生을 하므로 밤에는 바위 틈 등에서 쉬고, 아침에 줄지어 나가 이것저것 찾아 먹는 잡식성이다. 바닷가 바위나 물기가 축축한 뭍에 사는 특이한 동물이다. 절지동물의 갑각류는 바다와 민물에만 사는 줄 알았는데 무슨 인연으로 여기 이것들 몇 종은 육지에 와서 적응하여 살까? 갯지렁이가 없으면 대신 바다낚시 미끼로도 쓴다는 갯강구, 등짝이 지붕의 슬레이터slater를 닮았다고 하여 'sea slater'라는 이름이 붙은 갯강구다!

갯강구는 일정한 일주기 활동日週期活動을 보인다고 한다. 바닷물이 튀지 않는, 모쪼록 만조선에서 멀리 떨어진 안전한 곳에서 무리 지어 밤을 지새우고, 아침 일찍 바닷가로 나가 조간대 바위틈에 버려진 것이나 죽은 것들을 온종일 주워 먹으며 지낸다. 밀물이 들어도 쉬 잠자는 장소로 돌아오지 않고 만조선 근방에 머물면서 썰물이 진 다음에도 먹이 먹기를 되풀이하다가 드디어 어슴푸레 해가 서산에 떨어질 무렵에야 쉼터로 서둘러 되돌아오니 이런 이동을 '아침저녁 오가기(morning and evening journeys)'라 부른다. 삼여三餘라는 것이 있다. 3가지 여유로움이라는 것인데, 사람이 일평생을 살면서 하루는 저녁夕이 여유로워야 하고, 일 년은 겨울冬이 여유로워야 하며, 일생은 노년老年이 여유로워야 하는 것을 말한다. 끝이 좋아야 한다는 말이다. 갯강구와 아주 비슷한 생태를 가진 갯쥐며느리beach hopper가 그들과 두루 섞여 산다. 이들은 다 한국, 일본, 중국 등지에 분포한다.

2) 도둑게(*Sesarma haematocheir*, estuarine terrestrial crab)

이름도 괴상하다, 도둑게라니!? 녀석들은 뭔가 손버릇이 나쁜 모양이다. 도둑게는 등딱지의 길이가 약 3센티미터, 너비가 3.3센티미터이고, 갑각의 앞 가장자리는 곧으며 사각형에 가깝고 배는 7마디이다. 몸 빛깔은 어두운 청록색인데 이마와 앞옆 가장자리는 노랑 또는 빨강이고, 때로는 갑각 전체가 붉은 것도 있다. 녀석들은 조간대 위쪽 육상 습지나 냇가의 방축 아

땅에 사는 유일한 갑각류, 쥐며느리

갯강구 사촌인 땅에 사는 '쥐며느리' 이야기다. 쥐며느리는 '쥐'와 '며느리'가 모여 된 합성어인데 어쩌다가 저렇게 멋진(?) 이름을 얻어 걸쳤을까? 아마도 쥐가 쥐며느리를 잡아먹기 때문이기도 할 것이다. 그래서 쥐가 나타나면 이 벌레는 놀라 몸을 움츠리고 죽은 시늉을 한다. 엄하고 마음씨 고약한 시어머니 눈앞에서 주눅 들어 고개를 들지 못하는 며느리처럼 말이다. 그래서 그 벌레 이름이 쥐며느리가 된 것이 아닐까? '며느리'가 붙는 식물 이름에는 '며느리밑씻개', '며느리배꼽' 같은 것들이 있고, 동물 중 수탉의 양다리 닭발 위에, 뒤로 튀어나온 '싸움발톱'이 있으니 이것을 '며느리발톱'이라고도 한다. 수탉은 싸움을 할 때 이것으로 상대의 가슴팍을 호되게 차서 풀썩 고꾸라뜨린다. 집안일에 너무 바빠 깎을 겨를이 없었던 며느리의 발톱이 얼마나 길었기에 닭의 싸움발톱만큼이나 길었담? 암탉은 그 발톱이 아주 작으며 암탉끼리도 부리로 쪼기는 하지만 수탉처럼 상대를 발로 차는 일은 없다.

아무튼 '쥐며느리'라는 말에서도 알 수 있듯이, 이 벌레는 자극을 받으면 행동을 멈추고 죽은 시늉을 한다. 다른 곤충들도 죽은 흉내를 내서 위험을 피하는데, 천적들이 죽은 벌레를 먹지 않는 습성이 있다는 것을 알고 있기 때문이다. 무당벌레ladybug를 보라. 건드리지도 않았는데 발걸음 소리만 듣고도 잎사귀에서 툭 떨어져 뒤집힌 채로 죽은 척하다가 얼마 후엔 몸뚱이를 바로 세워 날 살려라, 하고 도망을 간다. 녀석들이 약아 빠졌다!

쥐며느리 무리는 땅에 사는 유일한 갑각류로서 강이나 바다에서 살다가 간신히 뭍으로 올라온 것들이다. 새우, 게, 가재, 물벼룩 같은 갑각류는 죄다 강이나 바다에 사는데 이것들 몇 종이 유별나게 땅에 살고 있다. 쥐며느리는 몸이 납작하고 길쭉한 타원 모양이며, 7마디로 된 가슴이 몸의 대부분을 차지한다. 그 7개의 몸마디에 각각 다리가 2쌍씩 붙어 있는 것도 이 동물의 특징으로, 그래서 등각류等脚類, isopod라 부른다. 그리고 꼬리 끝에는 1쌍의 붓 끝처럼 생긴 꼬리마디가 있으며, 알을 낳으며 번데기 시기가 없는 불완전탈바꿈을 한다.

쥐며느리의 몸 색깔은 회갈색 또는 암갈색이고 노란 점무늬가 군데군데 있다. 이들은 썩어 가는 낙엽이나 버려진 가마니 밑, 돌 밑, 쓰레기 더미에 떼 지어 살면서 썩은 나무나 낙엽을 먹고 산다. 등껍질이 발달하지 못해 몸에서 물기가 날아갈 위험이 많아서 언제나 습기 많은 곳에 숨어 살아야 한다.

얼핏 보면 공벌레와 어슷비슷하게 생겼는데, 공벌레는 위험에 처하면 느닷없이 덥석 공 모양으로 말아 버리지만 쥐며느리는 몸을 주춤하면서 조금 움츠리는 정도다. 둥근 공 꼴을 한다고 공벌레, 동그란 콩 모양을 한다고 '콩벌레'라고도 하는데, 공벌레를 서양 사람들은 '알약벌레'라고 하니, 이러나저러나 놀라면 움찔! 몸을 돌돌 말아서 딱딱한 껍데기로 몸을 감싸 보호한다. 껍데기는 적을 막기도 하고 물기가 날아가 몸이 마르는 것을 예방하기도 하니 일석이조一石二鳥로다!

래, 논밭 등에 살며 우물가나 심지어 부엌에까지 들어오는 수도 있다. 그러다가 여름철에는 해안의 산 위까지 기어 올라간다. 배가 산으로 갈 리가 없듯 게가 산을 오를 리 만무^{萬無}하건만 실제로 그런 일이 일어난다. 도둑게라는 이름은 부엌에 슬금슬금 기어 들어가서 볼이 미어지게 밥을 훔쳐 먹는다 해서 생겨난 것이란다. 여기서 부엌은 산골 오지의 오두막집이 아닌 갯마을의 '정지^{부엌의 방언}'이겠지. 녀석들은 모래를 퍼먹어 거기에 든 유기물을 걸러 먹기도 한다지만, 바닷가의 갯강구, 갯지렁이, 작은 물고기뿐만 아니라 사람이 먹는 음식에도 돼먹지 못하게 손을 댄다. 땅에 사는 대표적인 게로, 도둑게의 서양식 보통 이름인 'the estuarine terrestrial crab'란 '강어귀에 사는 땅 게'라는 뜻이다.

번뜩 떠오르는 의문 하나는 원래 아가미는 물에 사는 동물들이 갖는 호흡 기관인데 그걸 가지고 어떻게 일평생을 땅에서 살 수 있는가 하는 것이다. 앞서 '민물참게'를 예로 들어 이야기했지만, 게딱지 아래에 있는 아가미방에서 물을 뿜어 내어 거품을 만들어 그것에 녹은 공기로 숨을 쉰다. 참 묘한 적응이라 하겠다. 그러므로 도둑게도 햇살이 센 곳을 피해 그늘지고 습기가 많은 곳에 살기를 좋아한다. 땅에 사는 달팽이는 숫제 외투막이 변한 허파로 호흡을 하는데, 이것들은 그렇지도 못하고 여전히 아가미로 호흡을 한다.

5월경이면 땅바닥의 굴속이나 돌 밑에서 겨울잠을 끝내고 슬슬 밖으로 기어 나온다. 월동越冬에서 깬 청개구리 마냥 몰골이 말이 아니다. 갑각은 제 색을 잃어 흐린 갈색에다 몸은 마를 대로 바싹 말라 비틀어졌다. 그러나 봄기운을 받아 어슬렁어슬렁 돌아다니면서 먹이를 좀 얻어먹고 나면 선명하게 제 색을 띠면서 생기를 되찾게 된다. 사람이나 게나 먹어야 힘을 쓴다. "먹다 죽은 귀신 때깔도 곱다." 하던가.

"게도 구럭게 집어넣는 망태기도 다 잃었다."는 말은 "달아나는 노루 보고 얻은 토끼를 놓았다."고 하듯이 욕심 부리다 둘 다 놓쳤다는 말이다. 그래, 과욕 부리지 말라 하지 않았던가. 하여 지족수분知足守分 하기가 쉽지 않다는 뜻. 도둑게는 위험이 닥치면 순간적으로 두 집게발을 번쩍 들어 올려 경계한다. 대물림 유전자는 어쩔 수 없다. 그러다가 적에게 붙들리면 힘껏 문 집게발을 떼어 놓고 삼십육계를 놓는다. 대부분 탈리절脫離節이라고 하는 미리 정해진 마디가 떨어지며, 재생력이 강하므로 상실된 기관은 곧 재생한다. 소아小我를 희생하여 대아大我를 살리려는 본능이 무섭다 하겠다. 이것 또한 태생적 유전성을 가지고 있는 것이다. 도둑게를 제일 진땀 나게 하는 것은 다리를 떼어 줄 겨를도 없이 갑자기 달려들어 통째로 주워 삼키는 도요새 등의 섭금류 물새들임은 두말할 필요가 없다.

휘영청 보름달이 하늘을 한가득 메운 8월 중순의 민물 때다! 도둑게 녀석이 오늘따라 수선스럽고, 어수선하고, 소란스럽게 구는 것이 보통 때와는 영 딴판이다. 한마디로 길 떠날 채비를 하느라 소동이 이는 것이다. 이미 내친 걸음, 자식들이 메뚜기떼 옮기듯이 무리지어 득의만만得意滿滿, 바다로 거침없이 성큼성큼 기어가기 시작한다. 온 사방 널린 것이 게다! 앙감질한 발을 들고 다른 한 발로 뜀로 달리는 녀석들도 있다. 뜨내기들이 길을 묻지도 않고 용케도 찾는구나. 비로소 낯선, 물 냄새 훅훅 풍기는 해안가에 끝내 가까이 다가왔다.

온 사방 왁자지껄, 와글와글, 아수라장이다. 만조가 되어 물의 드나듦이 없는 순간을 타서 몸을 반쯤 바닷물에 담그고 접혔던 배딱지를 활짝 열어 세차게 비비고 흔들면서 헹구고들 있다. 여태껏 배 아래에 넘칠 듯 가득 품어 어미가 보살피고 있던 수정란 속에서 노플리우스nauplius를 지나 조에아 단계까지 알차게 새 생명이 자라 왔다. 좌고우면左顧右眄할 겨를이 없다. 꼬물꼬물, 이윽고 훌쩍 커 버린 조에아가 알껍데기를 깨고 몸부림치며 잽싸게 우수수 바다로 달려드는 순간이다! 어미 개구리는 뭍에서 살지만 새끼 올챙이는 물에 살듯, 도둑게 새끼들도 물에 살고파 한다. 아니, 거기서 살아야 한다. 바다에 든 조에아는 플랑크톤을 잡아먹고 자라 제법 게 모습을 한 미시스가 되었다가 드디어 꼬마 게가 된다. 어쩌면 이 풍진 세상, 신고辛苦의 한살이는 게나 사람이나 다르지 않은 듯.

도둑게 조상의 삶터가 바다였다는 것은 말할 나위조차 없다. 바다에 살다가 뭍으로 올라온 놈들이라는 말이다. 고래나 물개, 물범 같은 녀석들은 뭍에 와서 살다가, 거기서 사는 것이 바다만 못해 다시 옛 고향 바다로 돌아간 녀석들이다. 도둑게는 먹을 것이 많아 요족饒足한 바다에서 4개월 가까이 지내다가 강으로 슬슬 기어 올라와 거기서 1년에 3~4번씩 허물을 벗으며 3년 넘게 산다. 사뭇 달라져 어엿한 어미 게가 된 놈들은 드디어 와락와락 땅으로 기어오른다. 위풍당당, 머뭇거림 없이 말이다. 그럼 그렇지! 당최 알다가도 모를 일이다. 거기가 애먼 곳이 아닌 제 어미들이 살던 곳임을 어찌 알고서…. 연어가 기어이 제가 태어난 강으로 오르듯 이 또한 눈물겨운 '모천회귀母川回歸'가 아니고 뭐란 말인가. 나이가 들면 누구나 다 어김없이 옛것을 사무치게 그리워하고, 어릴 때의 몸 냄새가 배어 있는 고향을 찾기 마련이라 하던가. 차라리 내가 그 도둑게이어라!

숱한 유생들이 바다로 나갔지만 다 커서 뭍으로 올라오는 놈은 몇 되지 않는다는 것은 우리 독자들은 다 잘 안다. 이렇게 먹고 먹힘이 있기에 생태계가 유지되는 것이다.

3) 달랑게(*Ocypode stimpsoni*, ghost crab, sand crab)

'달랑'을 사전에서 찾아보면 '작은 방울이 흔들어 내는 소리', '침착하지 못하고 까불거나 냉큼 행동하는 모양'이라고 써 놨다. 그렇다면 '달랑게'는 무슨 뜻일까? 바닷가 탁 트인 널따란 모래사장에 사람이 걸어 들어가면 땅에 흐르는 진동으로 자기를 다치게 할 무엇이 온다는 것을 바싹 알아차리고 모두가 풍비박산風飛雹散, 엎어지고 넘어지면서 바람에 쓸리듯 싹 굴 안으로 숨어 버린다. 그래서 '빠르게 숨는 게', '달랑게'라는 이름을 얻게 된 듯하다. 잡힐 때 집게발을 떼어 주기도 하지만 서로 싸움질을 하다가도 다리를 잃으니, 그것은 집게다리의 '밑마디'와 그 다음의 '자리마디' 사이에 쉽게 톡 끊어지는 부분이 있기 때문이다. 우리는 어릴 때 앞다리 하나 없는 녀석들을 보고 "제 깐에 다리 떼 주고 술 사 먹었구나!" 하고 놀렸는데, 까닭을 알고 보니 꺼림칙한 절체절명絶體絶命의 위기가 있었던 것이다. 죽고 사는 것이 하늘의 뜻이고 자연의 순리라 하지만, 생존 경쟁이 너무나 피 터지듯 하다.

절지동물문, 십각목, 달랑겟과의 갑각류인 달랑게는 만조선 근처의 모래사장에 사는데 아주 영리한 갑각류로 모래와 같은 색을 하거나 몸이 맑아서 끝내 눈에 잘 띄지 않는다.

50~70센티미터의 구멍을 45도 각도로 교묘하게 파다가

끝에 가서는 들어앉을 방을 만드는데, 젖은 모래라서 굴이 쉽게 무너지지 않는다고 한다. 겨울에는 이 굴 안에서 겨울나기를 한다. 모래를 파낼 때에는 한쪽 편에 있는 4개의 걷는 다리와 집게다리를 가지런히 하여 발톱으로 뭉뚱그린 모래덩이를 안고 반대편 걷는 다리로 구멍 벽을 기어 올라와 굴 입구에 탁 내려놓는다. 이리하여 파낸 모래는 구멍의 입구에서 4~5센티미터쯤 떨어진 곳에 쌓아 놓으니, 종에 따라서는 그 알맹이가 골프공만큼 큰 것도 있다 한다. 달랑게는 1시간에 8킬로미터를 이동하는 속도로 달릴 수 있으니 갑각류 중에서 가장 빠르며, 눈을 곤두세우고 모래사장 위를 달랑달랑 옆으로 달린다.

대부분의 게들은 물속에서 살지만 '달랑게'는 만날 모래밭에 자리를 틀고 산다. 바닷가에 가면 가장 먼저 우리를 반겨주는 놈이 바로 달랑게이다. 등딱지의 길이가 약 2센티미터쯤 되고, 집게다리는 한쪽이 다른 한쪽보다 언제나 크다. 이것이 달랑게 무리의 큰 특징으로 오른쪽 것이 큰 놈도 있고 왼쪽이 큰 것도 있다. 달랑게 굴에 섣불리 손가락을 넣었다가는 깨물리는 낭패를 당하니 조심할 일이다. "미꾸라지한테 거시기 물린다."고 참 난감한 일이다. "사람을 피곤하게 하는 것은 멀리 있는 높은 산이 아니라 신발 속 작은 모래알"이라고 한다.

몸 빛깔은 보통 모래와 같은 색이지만 햇볕을 많이 쬐면 붉은 갈색으로 변하기도 한다. 동그란 눈알은 자유로이 세웠다 눕혔다 할 수 있는 눈자루 끝에 달랑 달려 있으며, 시력이 좋아 사람이 50미터 거리에서 얼쩡거리는데도 우두망찰, 정신이 얼떨떨하여 어찌할 바를 모르고 서 있다가 구멍에 엉덩이부터 집어넣기 바쁘다. 달랑게는 눈을 360도로 치뜨고서 날벌레를 잡아먹을 수도 있지만 바로 위는 볼 수 없어서 가끔 새한테 잡아먹힌다. 마른 모래사장이라 굴을 아주 깊게 파고 사는데, 근 1미터를 파는 놈도 있다 한다. 굴이 깊으면 몸을 숨기기에도 좋지만 깊은 땅속에 물기가 있어서 숨쉬기에도 도움이 될 터이다. 어스름하게 땅거미가 질 무렵에 바다로 홀연히 달려가 가끔 몸을 물에 담그기도 하니, 아가미에 물을 듬뿍 적셔 산소를 얻기 위함이다. 6개월간 월동을 하는데, 그때는 아가미 근방에 있는 공기방에서 산소를 얻으며, 물에 1년간 들어가지 않고도 살 수 있다고 한다. 모질게도 질긴 생명들! 여름이 오기 전에 수정란을 배에 붙들어 매어 보살펴 온 암컷은 내처 어슬렁어슬렁 기어나가서 몸을 바닷물에 적셔 수정란을 축축하게 해 준다. 어미는 헤엄을 칠 줄 몰라도 몸뚱이를 물에 넣고 몸을 훌렁 뒤집어서 발생 중인 수정란이 물에 흠뻑 젖게 하는 것이다.

일명 'ghost crab' 또는 'sand crab'이라고 불리는 달랑게 무리는 어슴새벽과 어슴푸레 해질 무렵에 특히 활동적인데, 집게발로 모래를 한입 집어넣어 곱씹은 다음 옥석玉石 가리듯이 조류는 삼키고 모래나 다른 이물은 걸러 받아 버리니 굴 입구에는 늘 동글동글한 모래 알맹이가 무더기로 쌓여 있는 것을 볼 수 있다. 잡식성이라 버려진 썩은 고기나 벌레들도 먹으니, 해변의 청소부인 달랑게가 없었다면 백사장은 어지럽고 지저분하기 짝이 없을 뻔했다. 다른 나라의 달랑게 중에는 1년에 한 번, 거북 새끼들이 부화할 때 한껏 성찬을 즐기는 놈들도 있다고 하니, 새끼 거북들을 굴로 물고 들어 목불인견目不忍見의 살생이 벌어진다고 한다. 절지동물의 갑각류가 척추동물인 파충류를? 하극상이 따로 없다. 헌데, 해안 모래밭이 지리멸렬支離滅裂 되어 가면서 그 수가 점점 줄어든다고 하니 이 또한 잘 지켜 보호해야 하겠다. 내 몸을 곱게 건사하고 마음을 예쁘게 가누듯이 말이다. "든 자리는 몰라도 난 자리는 안다."고 달랑게도 득실거릴 때는 못 느끼다가도 개체 수가 걷잡을 수 없이 줄어드는 것을 보고야 그 값어치를 알게 된다. 아서라, 어디 하나 제대로 보존되고 살아남는 것이 없으니 하소연이 봇물이다. 이래봬도 달랑게는 모래사장을 안내하는 길라잡이요, 모래밭의 지킴이며, 새벽과 저녁으로 청소하는 정화원이다! 이 무리는 세계적으로 28종이 있으며, 한국, 일본, 중국, 타이완 등지에 분포한다.

4) 농게(*Uca arcuata*, red-clawed fiddler crab, calling crab)

절지동물, 십각목, 달랑게과의 갑각류로 '붉은 집게발'을 가진 것이 꼭 바이올린을 켜는 것처럼 보여 서양 사람들은 'fiddler crab'이라 하였고, 암컷을 꼬드기는 구애의 손길이 꼭 누굴 부르거나 이리 오라고 고함치는 듯하여서 'calling crab'이라고도 부른다. 수컷의 갑각 길이는 2센티미터, 너비는 약 3.2센티미터이다. 갑각은 앞이 넓고 뒤가 좁은 사다리꼴이고, 이마는 좁고 길게 아래쪽으로 튀어나왔으며 눈구멍은 넓고 눈자루는 아주 긴 편이다. 집게 발가락은 길고 숟가락 모양이어서 개펄에서 삐딱삐딱 기어 다니면서 흙바닥을 슬슬 떠먹기에 알맞다.

수컷의 한쪽 집게발은 암컷과 같으나 다른 한쪽은 훨씬 커서 큰 집게발의 길이가 5센티미터에 이른다. 왜 수컷 녀석들은 비대칭인 집게발을 가지는 것일까? 알다가도 모를 일이다. 아무튼 이렇게 양쪽의 다리 크기가 다른 것을 이형질화 현상二形質化現象 또는 다형질화 현상이라 이른다. 한쪽의 커다란 집게발을 그대로 둔 채 작은 집게발로 잇따라 개흙을 바지런히 집어서 내렸다 올렸다 입으로 넣는 모습이 'fiddle(중세에 사용한 바이올린의 별칭)'을 연주하는 모습을 연상케 하니 이런 예쁜 이름을 얻게 된 것이다.

달랑게와 아주 닮은 수컷의 집게발은 몸집에 비해 엄청나게 큰 것이, 뻘건 색에 마치 깽깽이 모양을 한다. 바이올린을 들고 다니면서 깽깽 한가락 뽑는 게! 땀을 쏟아 가며 자랑스럽게 치켜들고 허우적거리는 그 큰 집게발은 암컷을 꾀어 부추기거나 전희前戱에 쓸 뿐더러 자기를 과시하고, 이성 또는 친구에게 서로를 알리는 신호이기도 하다.

농게의 수명은 더없이 짧아서 2년을 못 넘긴다. 수컷이 바이올린 통 같은 다리를 공중에 치켜들었다가 땅바닥을 탁탁 치며 머리를 조아리면서 암컷에게 다가간다. 암컷 앞에서 제 잘난 듯 언죽번죽 지껄이며 허세 부리지 않는 수컷이 세상에 있던가. 물론 암컷 한 마리를 놓고 수컷끼리 을러대며 '승진을 포기한 군인'처럼 걷어차고 드잡이를 해 대니 어쩌다가 무기로 사용하는 큰 집게발을 날리기도 한다. 수컷이 큰 집게발을 잃게 되면 묘하게도 작은 집게가 바로 큰 집게로 자라나고, 잃어버린 큰 집게 자리에는 작은 집게가 생겨난다고 한다. 그런데 재생한 집게발의 고정되는 두 손가락 안쪽에는 우둘투둘 나 있는 이빨이 없다고 한다. 어떤 농게는 엉뚱하게도 큰 집게발은 잃은 자리에 작은 다리가 생기지 않고 원래 큰 집게발 반만큼 되게 자라는 무리도 있다 한다. 물론 이 경우, 작은 다리는 그대로 있다. 세상에 흉터를 남기지 않는 되살리기가 어디 있을라고? 마음과 몸에 쓰라린 세월의 나이테가 소복소복 쌓이듯 병들어 나은 자리엔 잇따라 아픈 자국을 남긴다.

녀석들은 우리나라 남서해안에 널리 분포하며 어느 해변에서나 바글거리니, 무리지어 나와 먹이를 찾을 때는 그 모습이 장관이다. 자연스러움이 묻어난다고나 할까, 와글와글 부산한 저잣거리 같다고나 할까. 삶의 생기가 넘쳐흐르는 개펄이다! 허물을 벗은 농게는 껍질이 말랑말랑하여 굴에서 맴돌면서 밖으로 나오지 않고 딱지가 야물어질 때까지 숨어 지낸다고 한다. 겉 뼈가 물렁함에도 위험을 무릅쓰고 섣불리 막살이 하다가는 자칫 다치기 쉽다는 것을 알기에….

세계적으로 97종이 알려져 있으며 해변가, 민물과 바닷물이 섞이는 기수역의 뻘이나 늪지대, 석호 등지에 산다. 이들은 물이 채워진 구멍 속에 사는데, 구멍의 깊이는 30센티미터나 되며 약 80센티미터에 이르는 것도 있다. 어느 종이나 수컷은 암컷보다 밝은 색을 띠며, 붉은색에다 밝은 초록색, 노란색에서 푸르스름한 색깔까지 가지가지다.

농게는 작은 집게발로 쉼 없이 땅바닥의 흙을 떠서 입으로 가져가 모래진흙 속의 유기물이나 조류, 미생물, 곰팡이들을 걸러서 입안으로 집어넣는다. 두루 씹어 밭은 것들은 구덕구덕 마른 덩이가 되어 바리바리 쌓인다. 농게의 '籠'은 주로 흙을 옮기는 대그릇, 삼태기 따위를 뜻하는데, 개미굴 앞에 흙 알갱이가 쌓이듯이 농게의 굴 입구에도 이렇게 먹은 흔적이 늘어난다. 게의 존재를 알리는 것은 물론이고 지렁이가 흙을 먹고 토해 내듯이 개펄을 갈아엎어 공기를 불어넣음으로써 뻘을 숨 쉬게 해 준다. 수백 마리, 수천 마리, 아니 수만 마리가 버글버글 널따란 진흙밭을 쟁기질하고 있다! 그들의 뻘밭갈이는 갯벌 생태계에 중요한 몫을 한다는 얘기다. 꼬마 게들이 그 드넓은 뻘밭을 뒤엎는다. 방울방울 낙숫물이 섬돌에 구멍을 내고 작은 빛이 짙은 어둠을 몰아내듯….

농게 암컷은 배딱지에 많은 알을 붙여서 약 2주간 굴속에 머물다가 밀물 때 바다로 달려가 유생이 빠져나가도록 한다. 저 새끼들도 처음 당하는 세상이라 사뭇 두렵고 무서울 것이다. 사람도 죽음이 초행길이라서 겁난다고 하지 않는가. 어쨌거나 먼저 가는 사람들은 뒤따라오는 후배들에 모범이 되어야 할지어다. "눈 덮인 들길을 가는 나그네여, 갈팡질팡 걷지 마라. 오늘 그대의 발자취는 뒷날 후인의 이정표이니." 주책 부리지 말고 정도正道를 걸어라. 인생의 완성인 저 종말終末! 곱게 살아야 훌륭한 죽음을 맞는다!

일본 사람들은 우리와는 달리 농게로 게젓을 담가 먹는다고 한다. 우리나라에서는 서해 개펄에 많이 사는 놈들인데, 간척 사업으로 서식 장소가 좁아지면서 개체 수가 많이 줄었다고

한다. 덧붙여서, 농게와 생김새부터 여러모로 막상막하莫上莫下
격인 게가 있으니, 수컷의 집게발이 흰색인 까닭에 '흰발농게
Uca lactea' 라 부르는 녀석들이다. 유유상종類類相從이라고 닮은 동
아리들끼리 서로 가까이 모여 살며, 갑각 길이 약 9밀리미터,
갑각 너비 약 14밀리미터로 농게보다 몸피가 조금 작다. 역시
갑각의 앞이마가 넓고 뒤가 좁은 사다리꼴로, 눈구멍은 가로로
길쭉하다. 시각이 엄청 예민하기에 외부에서 침입자가 접근하
면 순식간에 굴속으로 숨는다. 걱정스럽게도 농게보다 더 개체
수가 급격히 줄고 있다고 한다. 이들은 일본, 중국, 보르네오
섬, 오스트레일리아 등지에 분포한다.

5) 속살이게 (*Pinnotheres pholadis De Haan*, pea crab, mussel crab)

독자 여러분은 조갯국을 먹다가 희끄무레하고 손톱만 한
꼬마둥이 게를 심심찮게 보았을 것이다. 그때마다 대수롭지 않
게 그것을 모조리 집어내 버리지는 않았는지? 이매패인 굴, 대
합, 동죽, 모시조개, 가리비, 진주담치, 키조개, 개량조개 등 좀
큰 축에 드는 조개들 안에 아주 작은 게가 살고 있으니 이것을
'속살이게' 라 한다. 조개 안에 삶을 튼 게는 안전하기 짝이 없
다! 서양 사람들은 작아서라기보다는 속살이게 암컷의 꼴이 완

두콩이나 강낭콩을 닮았다 하여 'pea crab', 조개에 산다 하여 'mussel crab'이라 부른다. 암컷만이 조개 안에 산다면 수컷은 어디에 사는가? 암튼 사는 곳이 조개일 뿐 구조나 형태에서는 여느 게와 별다르지 않다. 실은 이 녀석들은 거의가 연체동물인 이매패 속에 살지만 극피동물棘皮動物중 해삼이나 환형동물의 갯지렁이 무리에 달라붙어 살기도 한다. 예를 들어 흰해삼속살이게는 흰해삼의 직장에 산다.

굴에 속살이를 하기에 '굴게*Pinnotheres ostreum, oyster crab*'라 불리는 것이 있다. 이 무리의 특성을 통해 속살이게들의 생리, 생태를 알아보자. 암컷은 조개의 살색인 하얀 분홍색을 띠며 게딱지의 길이는 3센티미터에 달하고 앞뒤로 불규칙한 띠나 점이 있다. 대부분은 조개 속 공간인 외투강外套腔의 약 4분의 1 크기이다. 굴게 수컷은 흔치 않아 개체 수가 적은 편이며, 7밀리미터 정도의 크기로 암컷보다 훨씬 작다. 체색은 흑갈색으로 조개 안이 아닌 바깥에서 자유 생활을 한다. 속살이게가 종류에 따라 몸집, 크기 등이 각양각색이라는 것은 미뤄 짐작할 수 있을 것이다. 생물의 다양성이라는 것이다.

그러면 굴게는 어떻게 알과 정자가 수정을 할까? 생식 시기가 되면 암컷이 짝을 짓기 위해 조개가 입을 열고 있을 때 밖으로 나간다. 암컷이 살고 있는 조가비의 주변에 항상 곁불 쬐

듯 팔짱 끼고 사방을 빙빙 맴돌고 있던, 보호색을 하는 낯선 겁쟁이 수컷과 허물없이 만나 속전속결速戰速決로 흘레를 끝내고 서둘러 조개 안으로 되돌아간다. 그리고 뒷다리에 수정된 알을 끝까지 붙들고 있다가 부화한 유생을 밖으로 떠나보낸다. 출수관을 타고 나간 유생은 다시 다른 이매패의 외투강에 들어가 거기서 자란다.

게가 이렇게 체내 수정 하는 철은 5월경인데, 암컷은 1년을 살고 죽으며, 수컷은 교미 후에 바로 죽는다. 이제 하나 더 알 수 있는 것은, 암컷은 몸피가 불어나도 조개에 갇혀 드난살이나 감옥살이를 하는 것이 아니라 제 좋아서, 제 멋에 겨워 거기에 산다. 그렇게 살게끔 긴 세월에 걸쳐 진화해 온 것이다. 사실 조개 안에 들어 있으니 그 이상 안전지대가 어디 있겠나.

전체 조개의 1~3퍼센트에 속살이게가 들어 있고, 많게는 18퍼센트나 된다고 한다. 물론 숙주에 따라 속살이게의 생태도 조금씩 다를 수 있으니 종 특이성이라는 것이다. 그리고 조갯국 먹으면서 경험했듯이, 이것들은 조개 안에 살기 때문에 다친다거나 천적으로부터 공격을 받을 위험성이 전연 없기에 외골격이 발달하지 않아 게딱지가 흐물흐물하다. 필요하지 않으면 버리는 것도 일종의 적응이요, 진화다. 아무튼 거침없이 통째로 씹어 먹기 좋다! 짝짓기를 위해 숙주인 조개의 몸 밖으로 나갈 때면 얼마 동안 겉껍질이 야물어진다고 하지만, 보통 때는 암컷 등껍질이 하도 얇아서 내장이 훤히 다 들여다보이며 수컷 역시 반투명하다. 게다가 어두컴컴한 조개 몸속에 사는 암컷은 눈이 등딱지에 묻혀 잘 보이지 않으나 수컷의 눈은 커다란 것이 또렷하다. 사실 조개 속에서는 눈이 쓸모없으니 용불용설用不用說, use and disuse theory이 따로 없다. 수컷은 항상 밖에만 머무는 것이 아니고 조개가 입을 열었을 때 마냥 들락거린다고 하니, 그런 행동에 걸맞게 몸집이 작아지면서 납작해진 것이다. 다 살게 적응, 진화를 하였구나!

속살이게와 이들 숙주 동물과의 관계는 기생寄生, parasitism 관계일까, 아니면 공생共生, mutualism 관계일까? 필자도 늘 그것이 궁금하였다. 이제 드디어 감감무소식이었던 숙제를 풀고 나니 가슴이 후련해진다. 언제나 무엇에 체한 듯 여간해서 그 까닭을 찾기 어려워 혼자 넋두리를 많이도 했었는데. 사실 글을 쓰면서 언제나 '곰 가재 뒤지듯' 일을 삼아 여기저기 온 사방을 쑤시며 묻고, 자료를 찾는다. 계속 겉돌다가 드디어 예서 숙제를 풀었다. 아울러 글을 쓰면서 얼마나 새로운 것을 주섬주섬 많이 주워 담는지 모른다. 그렇지 않으면 이 지루한 일들을 기꺼이 이렇게 오래 이어가지 못할 것이다. 앎의 기쁨이 삶의 생기와 새로운 동력을 준다! 한마디로 즐기면서 글을 쓴다는 것이다. "아는 사람은 노력하는 사람만 못하고 노력하는 사람은 즐기는 자를 못 따라간다(知之者 不如好之者, 好之者 不如樂之者)."고 했다. 매사에 적극적이고 능동적이며 즐기면서 살지어다!

사실은 이렇다. 속살이게는 조개의 먹을거리를 도둑질하여 먹는다는 점에서 좁게 보면 눈엣가시겠지만 넓게 보면 도움을 주는 우군友軍이다. 조개는 물과 물에 들어 있는 유기물이나 플랑크톤을 입수관을 통해 빨아들여 아가미에서 걸러 모아 입으로 보내는 여과 섭식을 한다. 속살이게는 호흡과 섭식에 중요한 조개의 아가미를 자꾸 덮어 버리는 점액층粘液層을 먹어서 조개를 보살펴 준다. 세상에 공짜 없다는 말이 옳다! 게는 조개의 보호를 받으면서 먹이까지 얻고, 조개는 몸에 해를 끼치는 끈적거리는 점액을 걷어 치워 주는 게의 도움을 받는다. 세상에 이렇게 멋진 '도움살이'가 있다니, 누이 좋고 매부 좋다! 그랬구나, 아무렇게나 함부로, 되는대로 허투루 살지 않는 아기자기한 생물계의 인연을 새로 알고 나니 멍하니 할 말을 잃는다. 하도 신기해 묘한 울림을 남긴다. 센 지진 끝에는 늘 여린 여진餘震이 잔잔하게 이어진다고 하지.

6) 집게(소라게, *Pagurus armatus*, hermit crab)
속살이게가 살아 있는 다른 동물의 몸속에 들어가 사는데 반해 집게는 죽은 고둥들(복족류)을 집 삼아 살아가는 특이한 습성을 가지고 있다. '집을 짊어진 게' 라는 뜻의 집게는 땅에 사는 달팽이처럼 집을 메고 다닌다. 그런데 고둥 껍데기에 들어가 살다 보니 제 몸의 껍데기는 퇴화하고 말았다. 앞에서 만난 속살이게가 눈이 퇴화하고 껍데기가 물렁하듯이. 집게는 갑각강^{甲殼綱}, Crustacea, 십각목의 집게과^{Paguridae}에 속하는 게들로 딴 게들처럼 2쌍의 촉각에 10개의 다리, 발달한 겹눈을 가진다. 겹눈은 낱눈 2000개가 모여 만들어진 것이다. 두 눈 사이에 있는 깃털처럼 생긴 제1더듬이 한 쌍은 주로 냄새를 맡는 구실(후각)을 하며, 눈 바깥에 있는 긴 제2더듬이는 더듬어 만지는 일(촉각)을 한다. 우리나라에는 갯벌에 사는 무리를 포함하여 60여 종의 집게가 살고 있으며, 땅에 사는 '뭍집게^{land hermit crab}'는 없다고 한다. 'hermit crabt'의 'hermit'은 '숨는다', '혼자 산다', '은둔생활을 한다'는 의미가 들어 있다.

재언하자면 집게는 죽어 속이 빈 바다 고둥 껍질 또는 다른 비어 있는 물체를 집으로 쓰며, 특히 물이 나고 나서 생기는 바닷가 물웅덩이나 개펄의 자작하게 남은 물에서 쉽게 만날 수 있다. 집게는 물속이나 펄의 모래와 진흙 바닥에 살지만 외국 것들 중에는 드물게나마 땅과 나무에서도 사는 무리가 있다고 한다. 끈질긴 녀석들이로군! 집게를 속속들이 보려면 막대로 집게

집을 억세게 땅땅 두드리면 된다. 앗 뜨거, 하고 놀란 집게가 몸을 뒤틀어 집을 버리고 탈출한다. 집게 중에서 오른쪽 집게발이 큰 것은 '참집게' 무리로 북반구 쪽 바다에 주로 살며, 왼쪽 집게발이 더 큰 것은 '눈집게' 무리로 남반구 쪽 바다에 두루 산다고 한다. 둘이 좀 헷갈리는데 참집게의 오른쪽 집게 바닥은 보통 파란빛을 띤 짙은 녹색이고 발가락 마디 끝은 희다면 눈집게가 가진 집게의 끝은 검다. 이렇든 저렇든 털북숭이 집게발은 빈 고동 껍데기 속에 있을 때 그 입구를 막기 위해 변형된 것으로 오른손잡이와 왼손잡이가 있다고 보면 되겠다. 집게는 다른 보통 게와 같이 몸이 머리가슴 부위와 배 부위로 나뉘는데, 집게의 배는 아주 발달하여 배의 2번째와 3번째 다리로 이동한다. 길고 아주 큰 배에는 '꼬리발톱'이 있어서 가슴다리와 함께 집게의 몸을 고동(집) 안벽에 단단히 달라붙게 한다. 그도 그럴 것이, 보통 게 꼴이었다면 그냥 술렁술렁 몸이 빠져 곤두박질할 뻔했다.

깊은 바다에 살며 등딱지가 7.5센티미터나 되는 집게의 한 종류는 등딱지 위에다 말미잘을 붙여 놓았다. 그것도 어떤 녀석은 여러 마리의 말미잘을! 말미잘 같은 자포동물은 입 둘레에 많은 촉수가 둘러 있고, 거기에는 쏘는 세포인 자세포가 있어서 다른 동물을 그것으로 찌른다. 집게 지붕에 날카로운 작살을 지닌 말미잘 몇 마리를 일부러 떼어다 꽂아 놓으니 천적은 얼씬도 못한다. 어찌 보면 위장막을 덮은 셈이기도 하다. 이렇게 집게가 말미잘의 도움을 받는다. 한편 말미잘은 원래 이동 능력이 없는지라 먹이 얻기가 힘들었는데, 이제는 여기저기 돌아다니는 집게 등에 올라탔으니 어린 물고기 같은 먹이를 얻기가 훨씬 편해졌다. 결국 집게도 말미잘에게 도움을 주니 이를 '집게와 말미잘의 공생'이라 한다. 내친김에 또 이사를 해야 하게 생겼다. 무엇보다 말미잘을 떼어 옮기기가 제일 힘들다. 신기한 것은 보통 때는 말미잘 촉수가 경미한 자극에도 발작적으로 움츠러들어 버리는데, 집게가 거칠게 털털거리면서 돌아다녀도 게 집에 붙은 말미잘은 태연자약泰然自若, 움직임이 없이 천연스럽다. 오묘하게도 서로를 알아본다는 말이다.

　이들은 바닷말海藻이 자라는 갯가에서 일껏 짝짓기를 한다. 짝짓기 행위가 재미난다! 아니, 녀석들이 이게 무슨 수작들이냐? 여느 동물이나 마찬가지로 산란기가 되면 암컷은 수컷을 유인하는 물질을 풍기기 마련이다. 드디어 수컷들이 알아차리고는 덮어놓고 암컷 집게 둘레에 허덕허덕 떼거리로 몰려든다. 서로 제 유전자를 퍼뜨리겠다고 아옹다옹 뒤엉켜 야단법석이다. 드디어 그중에 허우대 좋고 어마어마하게 힘이 센 수컷 집게 한 마리가 암컷 집게가 든 고둥 하나를 통째로 덜렁 집어 들고 우왕좌왕 개선장군凱旋將軍처럼 으름장 놓으며 섣불리 뻐기고 다닌다. 민망스럽게도 집 안의 게는 정신이 몽롱한 것이 몸을 가눌 수 없을 정도로 얼떨떨해진다. 암컷은 큰 배에 강모로 덮인 긴 배다리가 붙어 있지만 수컷은 그것 없이 밋밋하다.

얼마 동안 수컷이 암컷을 집째 꿰차고 얼러 댔으니 암컷이 슬슬 못 이긴 척하고 몸을 내민다. 어깃장 놓던 수컷은 이때다 싶어 머뭇거리지 않고 암컷을 부둥켜안은 채 제5보각步脚 밑동에 있는 생식공生殖孔에서 정자가 든 주머니를 꺼내어서 암컷의 몸 안에 집어넣어 준다. 게가 무슨 따로 교미기(음경)가 있어 체내 수정을 하겠는가. 암컷은 알을 집 안에 낳고 수정란 덩어리는 배의 배다리腹脚가 붙든다. 산란이 끝났다 싶으면 치졸하게도(?) 수컷은 어디로 사라지고 만다. 내 임무는 끝!?

암컷만이 가지고 있는 배다리에 수정란을 포도송이처럼 달라 붙여서 약 한 달 동안 깨끗한 물을 대 주고 보호한다. 수정란은 지름이 0.5밀리미터, 개수는 총 1300~1500개이다. 가끔 안에서 밖으로 배를 쓱 끄집어내어 맑은 물에 닿도록 하는 것은 바로 산소 때문이다. 이제 새끼들이 태어나 자유롭게 바다로 나갈 때가 됐다. 이때면 멀리 갔던 수컷이 어찌 귀신같이 알아차리고 다시 암컷을 찾아와서 암컷의 집 가장자리를 덜렁 집게발로 집어 들고 낭창낭창 흔들며 돌아다니기 시작한다. 애비가 땀

깨나 흘리는 긴요한 순간이다. 어진 수컷의 부축을 받은 암컷이 망설임 없이 배를 밖으로 밀어내 새끼들을 넓은 바다로 보낸다. 창해일속滄海一粟, 작고 하찮은 존재이지만 어엿한 한 생명체가 세상에 첫발을 내딛는 순간이다! 정녕 우리는 여기서 못내 애틋한 집게의 모정과 부정을 깨닫는다! 새끼를 보내고 나면 며칠 후에 다시 산란하는 참집게 어미, 말할 수 없이 바쁘다! 천적에게 쉽게 잡아먹히는 약한 녀석들은 끊임없이 되풀이하여 새끼를 낳아야 종족 보존이 가능하다!

어미 몸에서 막 나온 유생 조에아는 지름이 2밀리미터 정도인데, 한 달 가까이 플랑크톤을 먹고 잘 자라 어언간 미시시가 되었다가 드디어 바닥으로 내려앉는다. 내려와 제일 먼저 하는 짓이 바로 집 찾기다. 신기하고 희한한 일이다! 누가 가르쳐 주지도 않는 본능이 아닌가. 발자취를 남기게 하는 유전 인자라는 것이 있다 하지만, 어찌하여 어미가 하듯이 고둥을 찾게 되는 것일까? 달리 뭐라 할 것 없이, 고둥에서 태어났으니 고둥을 찾는 것, 이 또한 '어미 강'을 찾는 셈이다. 제자리를 잡은 참집게 새끼들은 언제나 그 자리에 산다. 밀물이 들면 먹이를 찾아 신나게 헤매지만 썰물 뒤 잦아진 물웅덩이, 돌 밑이나 바위틈에 숨어 찬바람과 뜨거운 햇살을 피한다. 힘센 놈이 판치는 세상이라 행여나 한눈팔다가는 물고기나 문어, 다른 게들에게 잡아먹히기도 하며, 요행 살아남은 녀석들도 3∼4년의 진저리 치는 한 살이를 끝내고 죽을 공산이 크다.

꾀보인 어린 새끼는 곧 자신에 알맞는 고둥을 일찌감치 찾아 나서고, 허물을 벗은 다음 덩치가 연거푸 불어나면 주기적으로 더 큰 고둥 껍데기를 찾아 이사를 간다. 둘러보아 끝내 이사할 만한 빈집이 안 보이면 옆에 있는 집게와 싸워 집을 빼앗는다. 엉큼하고 힘센 도둑놈이 문득 다른 집게 집을 마구 휘어잡아 어르고 달래니 '콩, 콩, 콩' 하고 다른 물체나 바닥에다 냅다 패대기친다. 맹추 같은 얼간이 놈은 어지러워 집에서 기어 나와 허둥대니 어수선한 이때를 노려서 집을 빼앗는다. 집게는 물고기나 조갯살, 갯지렁이 등은 물론이고 해초도 거리낌 없이 뜯어 먹는 먹새 좋은 잡식성이다.

바다의 집게를 잡아 물이 들지 않은 상자나 어항에서 키울 수도 있다. 실제로 애완용으로 많이들 키운다고 한다. 조수가 없는 메마른 그 안에서도 밀물과 썰물 때처럼 주기적으로 행동하는 것을 관찰할 수 있다고 한다. 간단히 말해서 밀물 시간대에는 열심히 먹이를 찾고 집을 찾는 행동을 하며, 썰물 시간에는 어딘가 숨는 행동을 한다는 것이다. 상자를 어둡게 해 주어도 그런 것을 보면 그들의 몸 안에 '조수 시계'가 들어 있는 모양이다!

당연히 우리나라 이야기가 아니지만, 어떤 집게 무리는 식물 줄기 속에서 산다. 반육상半陸上종들은 연체동물의 껍질 말고도 대나무 줄기의 마디, 깨어진 코코넛 껍질 등에 들어가 산다. 남태평양의 섬들에 사는 야자집게는 허섭스레기 껍질 속에 사는 집게의 습성을 버린 육상종(뭍집게)이다.

매년 6월 23이면 나는 일본 오키나와에 가 있다. 오키나와가 미국에 정복당하는 날, 아니 미국이 오키나와를 정복한 날이 바로 이날이다. 필자의 아버지가 바로 여기 오키나와에서 전사하셨으니, '오키나와 유족회' 회원들과 함께 매년 아버지의 성함이 새겨진 '평화의 공원'을 찾아 아버지를 찾아뵙는다. 말이 평화의 공원이지, 전쟁에 죽은 일본인, 미국인, 한국인 등 20만 명이 넘는 전쟁 희생자들의 이름이 돌 벽에 새겨진 한 맺힌 '전쟁의 무덤'이라는 말이 옳다. 전쟁은 결코 있어선 안 된다는 것을 되새기게 하는 곳이다. 낯선 이곳에서 타계하신 아버지 생각만 하면 가슴이 내려앉는다.

아버지는 일본에서 대학 공부를 하시다가 일본 군인으로 끌려가 바로 이 처참한 오키나와 전투에 동원되었고, 거기서 세상을 떠났다. 행방조차도 몰라 애를 태우시던 어머니가 사방 수소문하여 바로 여기서 세상 떠났다는 것을 같이 참전했던 친구 분을 통해 알았고, 나중에 오키나와 역사를 연구한 홍종필 교수

(명지대학교 역사학과에서 퇴임)를 통해 바로 여기에 아버지가 계신다는 것을 알았다. 한恨은 물에 흘려보내고 은혜恩惠는 돌에 새기라고 하지만 어림없다. 곡절 많은 과거를 홀로 삭이는 것이 그리 쉽지 않다.

매년 가는 오키나와이지만 미군이 상륙한 자리(오키나와 최남단)에 있는 공원에 유족들이 모여 애도식을 하고, 2박 3일의 짧은 여정에 매년 개미 쳇바퀴 돌 듯 전쟁의 흔적이 남은 곳이나 오키나와가 자랑하는 수족관, 식물원 등지를 둘러보기도 한다. 옛날 오키나와는 '류큐琉球 왕국'으로 오롯이 한 나라였는데 나중에 일본에 점령되고 말았다는 것을 다 잘 안다. 터무니없어 보이지만 그때 왕국을 세운 신神이 처음 하늘에서 내려온 곳이라는 전설이 있는 장소로 안내원이 안내를 한다. 정글과 다름없는 숲을 거슬러 올라간다. 오키나와는 아열대 지방이라 식생植生이 우리와 아주 판이하여 산자락이 정글과 다름없다. 산기슭의 한 곳, 동굴처럼 으스스 움푹 들어가 어두침침한 이곳에 근사한 왕달팽이가 기어 다닌다! 그만 들키고 말았다. 녀석들이 우리를 보고는 머쓱해하며 태급太急하게 다리야 날 살려라 하고 줄행랑을 친다.

마침 문헌에서 읽었던 것을 여기에서 만났다. 이 커다란 '왕달팽이'는 우리나라에서도 온실에서 키우면서 식용하는 바로 그 달팽이다. 오키나와 사람들도 그것을 키워 먹겠다고 아프리카에서 들여와 키우다가 그것들이 가두리 밖으로 도망을 나갔으니, 아주 더운 지방이라 자연 상태에서 그렇게 살아가고 있는 것이다. 우리나라에서는 겨울이 모질게 추워 온실에서만 살 수 있다고 한다.

앞에서 말한 뭍집게도 있다. 육지집게라고도 하는 놈이다. 이놈은 복족류의 껍데기 속에 들어가 살 때는 왼쪽 집게 바닥으로 껍데기 입구를 막는다. 바닷가 풀숲이나 나무숲 또는 돌 밑에 살며 알을 낳을 때 외에는 물속으로 들어가지 않는다. 밤에 활동하며 식물성 먹이를 먹는다. 한국에는 없고 일본의 오키나와, 오가사와라 제도, 난세이 제도 등지에 분포한다.

7) 칠게(*Macrophthalmus japonicus*, Japanese mud crab)

게는 어느 것이나 머리와 가슴이 합쳐진 두흉부, 즉 머리가슴과 그 밑자리에 접어서 감춘 작은 복부, 즉 배로 나뉘며, 등은 딱딱한 딱지로 덮여 있고 모든 겉껍질은 외골격으로 야물다. 물론 외골격은 모든 절지동물의 특성이기도 하다. 찬찬히 멀찌감치 물이 빠지고 나면 막막하게 드넓은 개펄에 진흙을 가득 뒤집어쓴 칠게들이 와글와글 잔뜩 얽혀서 대집단을 이룬다. 그들이 식물성 플랑크톤인 규조류를 캐느라 개흙을 집어 먹는 모습을 보면 '개펄은 살아 있다'는 느낌을 받는다. 먹지 않고 사는 동물이 어디 있던가? 큰 것은 갑각의 길이가 15밀리미터, 갑각의 너비는 34밀리미터로 갑각이 옆으로 길쭉한 칠게 수컷은 집게발이 암컷의 그것보다 크다. '옻칠처럼 검고 광택이 나는 그런 빛깔'을 칠흑漆黑이라고 말하듯 '칠게'는 '검은 게'라는 뜻이다. 'Japanese mud crab일본진흙게'이라는 보통 이름에서 이것들이 일본에도 분포한다는 사실은 물론, 게 연구도 일본이 우리보다 먼저라는 것을 알 수 있다. 누가 뭐라 해도 학문적으로 먼저 눈을 뜬 일본이 우리에게 많은 영향을 끼쳤다는 것을 수긍해야 할 터이니 구구하게 아니라고 변명하면서 떳떳하지 못하고 졸렬한 좁쌀이 되지 말자. 그렇다고 힘센 사람에게 간살 떨며 비겁하자는 것 또한 아니다.

8) 따개비(*Chthamalus stellatus*, barnacle)

따개비는 절지동물, 갑각강, 따개비과 동물을 총칭하는데 그냥 만각류蔓脚類, Cirripedia라 부르기도 한다. 겉은 조개를 닮았다 치더라도 각구를 막고 있는 2장의 뚜껑 판을 헤벌쭉 벌리고 6개의 구불구불한 넌출길게 뻗어 늘어진 식물의 줄기 닮은 다리를 쑥 내밀어 설렁설렁 휘적거리는 모양을 보면 영판 절지동물이다! 여기서 다리란 섭식용 부속지인 가시 돋친 만각curl-footed을 말한다. 따개비를 큰 사전에서 찾아보면 '굴등'이라 적혀 있고, 굴등을 찾아 들어가야 따개비의 설명이 길게 나와 있으니, 따개비는 굴과 닮았다는 의미이다. 따개비는 바다에 살며, 바닷가의 바위나 돌, 말뚝, 배 밑, 거북이 등짝 들에 붙어서 이래저래 지청구를 듣는다. 몸은 옆에서 보면 '山'자 모양이며 딱딱한 석회질 껍데기로 덮여 있다. 헌데 울릉도의 식당에서 '따개비'라고 하여 파는 것은 따개비가 아닌 '삿갓조개'임을 밝혀 둔다. 어쩌다 따개비라는 이름이 붙었을까? 무슨 뜻일까?

물 밖 공기 중에 노출됐을 때는 위 뚜껑을 꽉 닫아서 수분이 날아가는 것을 막는다. 수심 600미터 깊이에 사는 것도 있지만 75퍼센트 정도는 100미터 채 못 되는 곳에 살며, 25퍼센트는 물이 들락거리는 조간대에 산다. 바닷가에는 널린 게 따개비라, 바위나 돌을 맨발로 밟고 다니면 까치발을 해도 굴 껍데기가 아니면 이 거친 따개비 껍데기에 백발백중 발을 다친다.

몸이 석회질성 각판殼板으로 싸이며, 시멘트를 분비하는 샘腺에서 나오는 분비물인 강한 접착제로 자신의 몸에 족쇄를 채운다. 한번 붙은 껍질은 억울하게도 한눈팔지 못하고 묵묵히 '죄 많은 일생'을 거기서 보낸다. 여름의 뜨거움, 한겨울의 냉기를 꿋꿋이 견뎌 내기 위한 갑옷으로 딱딱한 각판보다 더 좋은 것은 없다. 따개비류는 서둘러 배 바닥에 따라붙는 것으로 유명하다. 그것들이 많이 달라붙으면 배가 무거워져서 기름이 더 들고 속도도 떨어진다. 그래서 옛날에는 틈틈이 배를 뭍으로 끌어내어 이 훼방꾼을 단박에 살뜰하게 그슬려 죽였으나 요새는 이것들이 무척 꺼리는 페인트칠을 하여 숫제 달라붙지 못하게 한다. 바로 그 페인트가 아주 해로운 공해 물질로 바다 생물들에게 큰 해를 입힌다.

따개비는 고생대 실루리아기에 등장하여 현재까지 살아남아 있는 종으로, 세계적으로 약 1200종에 이르며, 한국에는 63종이 살고 있다. 보통 몸길이는 10~15밀리미터이지만 가장 몸집이 큰 큰빨강따개비*Megabalanus volcano*는 8센티미터가 넘는다고 한다. 대부분의 따개비는 많은 털이 붙어 있는 만각을 몸 밖으로 드러내어 규칙적으로 움직여서 플랑크톤 등의 부유물을 걸러 먹는 부유물식자浮遊物食者, suspension feeder로 탄산칼슘의 각판집 안에서 평생 산다. 그러기에 복부가 없고 눈도, 촉각도 퇴화되고 말았다.

1개의 눈과 3쌍의 부속지를 가진 갑각류 특유의 노플리우스 유생은 큰 삼각형 모양의 갑각이 있으며, 보통 6번 탈피하여 2개의 껍데기를 가진 키프리스cypris 유생이 된 뒤 달라붙어 산다. 따개비는 암석 틈이나 배 바닥, 부유물, 그물, 부표, 항구 안의 시설물들에 달라붙을 뿐 아니라 전복이나 거북, 고래, 집게가 살고 있는 고둥, 성게의 가시 안, 해면, 물개, 히드라나 산호류, 산호 일종인 바다맨드라미에도 붙는다. 따개비 중 '계속살이' 무리는 꽃게의 다리나 등딱지, 입, 아가미에까지 달라붙으니 얼마나 서식지가 다양한지 모를 지경이다. 그만큼 생존력이 질경이처럼 억세다는 것을 말해 준다.

따개비를 크게 자루柄로 달라붙는 거북손 무리goose barnacles인 유병류有柄類와 자루가 없이 바로 두상부頭狀部가 붙는 무병류無柄類로 나눈다. 일부 따개비는 식용이 가능하며, 남해안 일부 지방에서는 거북손을 삶아 자루(병부)부분을 까먹기도 하는데 게나 새우와 맛이 비슷하다고 한다. 같은 갑각류가 아닌가! 스페인과 포르투갈에서는 거북손의 자루 부분을 술안주로 먹고, 칠레에서는 무병류를 날것으로 먹거나 통조림으로 조리하여 먹기도 한다. 단백질에 대한 입맛은 인종에 따라 별로 다르지 않으니 그럴 만하다.

따개비와 연체동물인 삿갓조개limpet, 담치mussel 무리는 자리 다툼하느라 사납게 싸움질을 한다. 더 빨리 자리를 차지하고 상대를 궤멸시키기 위해서 피붙이끼리 떼를 지어 인해전술을 펴거나 속성으로 자라는 특별 수단을 쓴다(종간 경쟁). 물론 따개비끼리도 해살에 다툼까지 일어난다(종내 경쟁). 육식하는 연체동물인 물레고둥, 매물고둥 들이 속하는 물레고둥과, 큰구슬우렁이 등이 들어가는 구슬우렁이과, 피뿔고둥 등이 포함되는 뿔소라과의 것들도 따개비의 천적이다. 그것들은 널려 있는 썩은 고기를 먹기도 하지만 주둥이가 아주 길고 줄칼을 닮은 치설을 가지고 있어서 따개비나 조개는 물론 게, 바닷가재에도 선뜻 구멍 내어 송두리째 잡아먹는다.

따개비류는 대부분 암수한몸이나 일부는 암수딴몸인 것이 있으니, 수컷의 형태와 크기가 유생인 키프리스와 흡사하고 크기가 아주 작아서 '왜웅矮雄'이라 부른다. 그것들은 바투 살지만 유성 생식, 즉 암수가 서로 맘껏 껴안고 짝짓기를 하지 못하기에 뜻밖에도 전체 동물계에서 제 몸집에 견주어 보아 가장 긴 음경을 가지고 있다 한다. 과문한 탓인지 몰라도 미처 몰랐던 일이다, 희한하도다! 도통 벗하고 있는 담 너머 옆집까지 음경을 걸어 넘겨 정자를 전달해야 하니 그럴 수밖에 없다. 암컷은 수정란이 부화하여 새끼 키프리스가 되어 어미 몸에서 떠날 때까지 보듬어 안고 있다.

따개비는 찰스 다윈도 깊게 연구하여 『종의 기원種의 起源, On the Origin of Species』에 서술하고 있을 정도로 생물학과 깊은 연관을 갖는다. 강릉대학의 김일회 교수는 이 분야를 전공하여, 『대한민국동식물도감』제38권 '따개비 도감'을 내기도 했다. 이렇게 큰 도감이 한 권 나올 만큼 우리나라에 사는 따개비도 종이

다양하고 풍부하며 밀도가 높아 분포 지역이 전국적이다.

9) 딱총새우(*Alpheus brevicristatus*, snapping shrimp)

역시 절지동물의 갑각류, 십각목, 딱총새우과의 동물로 다른 새우와 별다른 차이는 없다. 서식 장소는 조간대의 곤죽이된 모래진흙 바닥으로, 야행성이며 물이 빠지고 나면 개흙에 구멍을 파고든다. 몸길이 약 5센티미터 정도로 갑각은 편평하고눈은 갑각 앞면에 덮여 있으며 집게발은 좌우 어느 한쪽이 크다. '딱총'은 화약을 종이에 싸서 돌로 세게 내리치면 '딱' 하고터지도록 만든 아이들의 전쟁놀이 장난감을 일컫는다.

우리나라 동·서·남해를 막론하고 깊이 수 미터 이내의 여름철 해안가에 가면 바위틈 작은 웅덩이 근처에서 '딱, 딱, 딱'하는 소리가 난다. 캐스터네츠를 박자에 맞추어 치는 소리가 나니 이 소리의 주인공이 다름 아닌 딱총새우다. 딱총새우가 어떻게, 그리고 왜 이런 소리를 내는지는 최근에야 밝혀졌다. 딱총새우는 먹이 사냥을 할 때 집게를 벌렸다가 순간적으로 닫으면서집게 사이에서 지름 3.5밀리미터 안팎의 작은 공기 방울을 강하게 분사噴射한다. 이때 공기 방울은 시속 100킬로미터 정도로 튀어 나가며 '딱' 하는 소리를 내는데, 1미터 떨어진 곳에서 측정한 소리의 크기는 190~210데시벨dB에 이른다. 공항에서 들리는 비행기 엔진 소리가 120데시벨이라는 사실을 감안하면 엄청 큰 소리다. 공기 방울을 맞은 무척추동물의 유생과 같은 작은 생물이 그 충격으로 기절하면 딱총새우는 만찬을 시작한다. 그동안 딱총새우는 우리나라 해군이 바닷속 잠수함을 탐지할 때 잡음을 만드는 훼방꾼이었다. 말뚝망둥어의 먹잇감으로 최고인 딱총새우! 거참, 놀랍게도 흔히 생각하듯 큰 집게발을 여닫아 내는 소리도 아니요, 같은 종끼리의 신호도 아니라고 한다! 공기총으로 먹이를 잡는 신통한 딱총새우다! 식용 또는 낚싯밥으로 사용한다. 한국, 일본, 태평양, 인도양 연안에 분포한다.

10) 쏙(*Upogebia major*, ghost shrimp, mud shrimp)

절지동물의 십각목, 쏙과의 갑각류로 갑각의 길이 1.6센티미터, 너비 0.7센티미터 안팎으로 소형이다. 생김새는 갯가재와 비슷하지만 외골격의 석회화石灰化가 덜 되어 껍데기가 무른 편이며 전체적으로 앞에서 이야기한 집게를 많이 닮았다. 이마 윗면에 사마귀 모양의 돌기가 많고, 돌기 위에는 털이 다발로 나 있으며, 갑각 윗면에도 연한 털이 촘촘히 나 있다. 갑각은 등 쪽에서 보면 삼각형에 가깝고, 집게발은 좌우의 크기와 모양이 같으며, 걷는 다리는 4쌍 모두 잘 발달하였다. 배는 긴 편이고 양쪽 옆면에는 연한 털이 빽빽이 난다.

조간대 저 아래 간조선에서 얕은 바다에 이르는 모래진흙에 깊이 약 30센티미터의 구멍을 파고 들어가 사는데, 집의 모양은 위는 U자 모양이고 아래는 I자다. 개펄에 굴을 파므로 깊은 곳까지 통기通氣가 일어나 산소 공급에 중요한 몫을 하니 '바다의 허파'라 하겠다. 굴 하나에는 반드시 한 마리가 살고, 만조가 되어 구멍에 물이 들어오면 나와서 먹이를 찾는다.

구멍 속에서 숨을 쉴 때마다 '뻥뻥!' 요란한 소리가 멀리까지 들려 '뻥설게'라 불리며, 잡는 방법은 크게 두 가지다. 숙련된 어민들이 쓰는 방법으로 직경 3~4센티미터, 길이 50~60센티미터 정도의 나무 막대를 구멍에 쑤욱 집어넣었다가 쏘옥 재빨리 확 잡아 빼면 순간 쏙이 매달려 온다고 한다. 두 번째로는 수컷으로 암컷을 유인하는 방법이다. 부드러운 실로 수컷 허리를 살짝 묶어 암컷 쏙이 든 구멍에 살며시 집어넣고 들락날락, 살랑살랑 넣었다 뺐다 흔들어 주면서 뜸을 들이면 잠시 후 입질하는 신호가 오는데 그때 가만히 끌어올리면 수컷의 집게발에 암컷이 물려 나온다. 술래잡기가 따로 없다! 비슷한 종으로 '쏙붙이'가 있다. 쏙은 돔 낚시의 미끼로 즐겨 쓰인다. 한국, 일본, 연해주 등지에 분포한다.

11) 가재붙이 (*Laomedia astacina*, mud shrimp)

가재붙이는 절지동물의 갑각강, 십각목 가재붙이과에 드는 종으로서, 다 자란 성체의 몸길이는 4~6센티미터 정도이다. 보통 어느 생물과 겉 무늬가 흡사하게 생겼을 때 '붙이'라는 이름을 쓴다. 어떤 물건에 딸린 같은 종류라는 뜻으로 '피붙이'라거나 '겨레붙이', '개미붙이', '사마귀붙이', '쏙붙이'처럼 쓰인다.

가재붙이는 가재를 닮기는 했지만 실은 영어 이름이 'mud shrimp'이듯이 분류상으로 새우에 더 가깝다. 이놈들은 염전 밑바닥에 굴을 파고 살아서 소금 농사를 망치게 했다지만 요새는 바닥을 워낙 단단하게 만들어서 크게 해를 끼치지 않는다고 한다. 크기는 암수가 비슷하고 일생의 대부분을 굴속에서 생활한다. 한국 서해와 일본에 산다.

12) 갯가재 (*Oratosquilla oratoria*, prawn killer, mantis shrimp)

갯가잿과의 한 종으로 민물가재crayfish와 비슷한데 몸의 길이는 15센티미터 정도이며 얕은 바다나 모래갯벌에 산다. 작살 모양의 크고 힘센 집게발이 있고, 5쌍의 가슴다리 중 제2가슴다리가 사마귀 다리처럼 거칠고 강하여 먹이 잡는 데 쓰기에 이

다리를 포각捕脚이라 한다. 꼬리마디와 꼬리다리가 발달하여 이것을 사용해 모래나 펄에 U자 형의 구멍을 판다. 갯벌에서 물이 빠진 후 나무로 만든 막대를 한쪽 구멍에 밀어 넣었다가 변기 막혔을 때 하듯 재빨리 뽑아 내면 공기의 압력 차에 의해 갯가재가 빨려 나온다. 갯가재 잡기는 거저먹기다!

갯가재 여러 마리를 함께 담아 놓으면 서로 나부대다 부딪치면서 딱딱 소리가 난다고 하여 '딱새', 꼬리 부분을 터는 습성이 있다 해서 '털치'로 불리며 살은 검질겨서 끈기 있고 쫀득한 것이 맛이 좋아 초밥 재료로 인기가 있다. 서양에서는 녀석들이 주로 새우를 잡아먹는다 해서 'prawn killer'라고 하고, 자기 영토에 범접하는 것들은 크기를 가리지 않고 닥치는 대로 잡아먹는다 하여 '갯벌의 무법자'라는 별명도 있다. 야행성으로 작은 갑각류나 갯지렁이, 어류를 잡아먹는다. 한국, 일본, 중국, 필리핀 등지에 분포한다.

그 외 갯벌의 게들

다음 몇 종의 게를 묶어 간단히 들여다본다.

*방게(*Helice tridens*, estuarine grapsid crab)

갑각의 길이는 약 27밀리미터, 너비는 약 32밀리미터로 사각형이며 가로로 좀 긴 편이다. 양 집게발은 대칭이며, 수컷의 집게발이 암컷에 비해 크고 억세다. 수컷들이 집게발을 키운 것은 암컷들 때문이라는 이론을 여러분은 믿는가? 자다가 봉창 두드리는 소리 한다 할 사람도 있겠지만, 힘세고 멋지게 무장하지 않은 수컷 옆에는 암컷들이 얼씬도 않으니 멋을 내고 치장을 하게 되었다는 성선택설性選擇說을 이미 다윈이 주장하였다. 사람도 손톱 끝만큼도 다르지 않으매 집안에서 아내의 말을 듣지 않는 남편 없듯이 말이지. 방게의 눈 아래두덩에는 수컷이 10~19개, 암컷은 약 20개의 사각형 모양 과립이 1열로 배열되어 있는데, 수컷은 여기에다 집게발의 긴 마디에 있는 모서리를 비벼서 소리를 낸다. 몸은 어두운 청록색이고 집게는 노란색이다. 앞에서 이야기한 칠게와 방게는 서로 먼 관계이면서도 서식처는 비슷하여서, 바닷가 갈대밭 가까운 늪지대, 특히 강어귀의 진흙 바닥에 구멍을 파고 산다. 맛이 좋아 식용하며 특히 알을 품은 봄철 것을 많이 잡는다. 한국, 일본, 중국 북부, 타이완에 분포한다.

•갈게(*Helice tridens tientsinensis*)

갑각 길이 약 25밀리미터, 너비 약 30밀리미터로 방게보다 조금 작지만 여러 가지로 비등한 종이다. 조간대 만조선 부근 진흙 바닥에 구멍을 파고 살며 간척지나 염전 두둑에 구멍을 파서 피해를 주기도 한다. 물론 이것도 식용한다. 많은 녀석들이 갈대밭에 구멍을 파고 살기에 '갈게'라 부르지 않았을까? 그렇지 않으면 방게보다 조금 작아서 '갈' 자가 붙은 것이 아닐까? 아무튼 갈게나 방게의 포식자는 주로 너구리raccoon나 새들이다. 갈게의 학명 '*Helice tridens tientsinensis*'와 방게의 학명인 '*Helice tridens*'를 눈여겨보자. 방게 '*Helice tridens*'에 *tientsinensis*라는 아종명이 붙어 갈게의 학명이 되었다. 그것은 같은 종이면서도 특성이 조금 다르다는 것을 의미하며, 그렇다고 다른 종으로 나누기는 마땅찮을 때 쓰는 학명 표기법이다. 사람의 학명은 '*Homo sapiens*'이지만 현대인을 '*Homo sapiens sapiens*'로 쓴다. 호모 사피엔스 사피엔스를 신인新人이라 해석하며, 후기 구석기 시대 이후 현대에 이르는 단계의 인류를 칭한다. 즉, 옛날 사람들보다 조금 더 발달한 사람이라는 뜻이다. 참고로 속명과 종명을 쓸 때, 이를 이명법二名法, binominal nomenclature이라 하고, 아종명까지 붙인 것을 삼명법三名法, trinominal nomenclature이라 한다.

•엽낭게(*Scopimera globosa*, sand-bubbler crab)

갑각 길이 8~11밀리미터, 갑각 너비 11~14밀리미터로, 쉽게 말해서 1센티미터쯤 되는 큰 손톱만 하고, 전체적으로는 둥근 사다리꼴로 콩 모양이다. 작은 사람을 비유할 때 '콩만 하다'고 하지 않던가! 양 집게발은 대칭으로 크기나 모양이 같으며 수컷의 집게발이 훨씬 크다. 새들의 먹잇감으로 으뜸이다. 한국의 남서해, 일본, 중국 등지에 분포한다.

'엽낭게'라는 이름의 뜻은 무엇일까? 왕의 엽낭葉囊, 즉 '복주머니'를 닮았다는 뜻일까? '엽랑거미'라는 이름도 있는데…. 서양 사람들은 이 게가 모래를 씹어 받아 '작은 모래 구슬'을 많이 만들어 놓기에 'sand-bubbler crab(모래풍선게)'라 부르고, 일본에서는 sand-bubbler를 직역하여 '사포해沙泡蟹', 즉 '모래거품게'라 한다. 엽낭게는 달랑게과에 속하며, 양 집게발을 교대로 써서 모래를 입에 가져다가 입속에서 먹이를 짓씹어 골라내고 나머지 모래를 작은 구슬덩이로 내버리니, 몇 시간이 지나면 구멍 주위에 모래 구슬이 잔뜩 깔린다. 그리고 몸 색 또한 너무나 모래색과 같은 보호색을 띠어서 나부대지 않으면 저들끼리도 못 알아본다. 조간대 모래톱에 수직으로 구멍을 파고 사는 혈거성으로, 녀석들끼리 집을 놓고 드잡이하며 실랑이를 벌리니 넋 놓고 있던 집 임자가 덩치 큰 매운 녀석들에게 빼앗기는 수도 있다. 수컷들이 산란기에 암컷을 꼬드기느라 집게발을 흔드는 행위는 일종의 전위 행위다.

°밤게(*Philyra pisum*)

일본 사람들은 '밤栗'이 아니라 '콩豆'을 닮았다고 보아 '두형건해豆形拳蟹'라 부른다. 밤게과의 한 종으로 등딱지의 길이와 폭은 각각 2센티미터 정도로 밤톨만 하고 둥글며, 등딱지가 볼록하여 공처럼 보인다. 잠망경처럼 생긴 눈자루를 치켜세워 주위를 살피는 것이 한결 의젓해 보인다. 행동이 매우 느린 축이고, 옆으로 기지 않고 앞으로 걷는다. 조간대 간조선 부근 모래 또는 진흙 바닥에 사는데, 아무거나 잘 먹지만 특히 '브라인슈림프brine shrimp'나 갯지렁이를 좋아한다. 브라인슈림프는 작은 새우로 몸의 길이는 약 1센티미터이고, 알을 열대어의 먹이로 쓰며 염전 또는 염호에 산다. 'brine'은 소금물이라는 뜻이다.

•납작게(*Gaetice depressus*, Red claw crab)

바위게과의 갑각류로 갑각 길이 1.5센티미터, 갑각 너비 1.7센티미터로 갑각은 사각형에 가깝다. 갑각의 등 면은 편평하고 매끈하게 H(또는 M)자 모양의 홈이 파였고, 양 집게발은 대칭을 이루고 매끈하다. 조간대의 갯벌이나 근방의 바윗돌 틈에 주로 사는데, 갑각의 무늬와 색깔은 사는 장소에 따라 다 다르다. 갑각의 중앙 양쪽에 둥글고 커다란 눈眼처럼 보이는 흰 무늬가 있어서 전체적으로 사람 얼굴 모양을 한다. 가끔 물에서 기어 나와 땅 위에 오르기도 하며 허물을 벗을 때는 아무도 볼 수 없는 곳에 숨는다.

•말똥게(*Hiromantes dehaani*, De haan's shore crab)

역시 절지동물, 십각목, 바위겟과의 갑각류로, 갑각 윗면이 앞뒤로 울퉁불퉁하다. 갑각 길이 2.7센티미터, 갑각 너비 약 2.9센티미터로 갑각은 사각형이다. 민물에 가까운 바닷가 습한 곳에 구멍을 파고 살며, 7~8월에 암컷이 알을 품는다. 잡아서 산 채로 기름장에 볶아 통째로 아작아작 씹어 먹는다. 한국에는 낙동강 하구 을숙도와 장자도의 갈대밭에 많이 산다.

위에 이야기한 모든 게들은 우리나라 서해안과 남해안, 일본, 중국 북부와 남부 등지에 분포한다.

극피동물

갯벌에 물이 주욱 다 빠지고 나도 팔팔 생명이 살아 숨 쉬는 곳이 있으니 바로 커다란 바위에 움푹 파인 조수 웅덩이다. 특이한 생물상을 나타내기에 바다 동물이나 식물의 채집, 생태 관찰에 가장 적합한 장소가 된다. 규조, 녹조와 같은 식물이나 해면, 해파리, 이끼벌레, 말미잘, 따개비, 게, 작은 물고기 등의 동물들이 물 걱정 않고 산다. 좀 큰 곳에는 자포동물인 말미잘이나 극피동물棘皮動物, Echinodermata인 별불가사리, 보라성게도 관찰된다.

불가사리는 세계적으로 약 1500종이 알려져 있으며, 육식성으로 굴, 전복, 조개 등을 먹어 수산 양식에 피해를 주기에 기피하는 무리다. 양식업을 하는 사람들은 방방 뛰면서 이 극악무도極惡無道한 녀석들을 아주 미워한다. 불가사리는 먹이를 잡아먹을 때 위를 뒤집어 밖으로 끄집어내어 먹이를 둘러싸서 그대

231

로 소화시키기도 하고, 어떤 종류는 입 주위에 있는 강한 가시棘를 집어넣어 옥죄는 방법을 쓰기도 한다. 패류를 먹을 때는 관족管足 끝의 빨판으로 조개껍데기를 잡아 열어 주린 창자를 채운다. 이들은 각 팔의 끝에 빛 감각을 받아들이는 안점眼點이 있어 빛의 강약을 느낄 수 있다. 무성적으로 팔을 스스로 분리하여 번식하는 종류도 있으며 재생력이 강한 동물이다.

다음과 같은 상상 속 동물의 이름을 맞혀 보자. '전체 모양은 곰이면서 코끼리의 코, 무소의 눈, 소의 꼬리, 범의 다리를 닮았고, 쇠鐵를 능히 먹으며 악몽을 물리치고 사기邪氣를 쫓는' 동물은? 이런 꺼림칙하고 괴이한 동물이 다름 아닌 '불가사리不可殺伊'다. 뜻에 상관하지 않고 음만 비슷하게 나는 한자로 적는 것을 취음取音이라 하니, '불가사리'를 '不可殺伊'로 쓰는 식이다. 아무튼 이 기물奇物은 바다에 살고 있는 불가사리와 어떤 점이 닮았을까?

별불가사리는 특별히 꼴이 별星을 닮아 서양 사람들은 'Sea star' 또는 'Starfish'라 부른다. 불가사리에 얽힌 에피소드 하나. 서양에서는 일찌감치 바다 동물을 키워 먹었다. 그런데 굴밭에서 불가사리가 떼 지어 굴을 따 먹는 것을 보고 어부(패부貝夫라는 말이 더 옳을 듯)들이 화가 나서 "예끼, 이놈들 죽어 봐라."하고 증오의 도끼질로 토막을 내어 조개밥으로 양식장에 던져 버린다. 그런데 나중에 보니 굴밭이 굴 반 불가사리 반, 불가사리 득실거리는 묵정밭으로 변해 가는 게 아닌가. 왜 그런 일이 벌어졌을까? 불가사리는 팔(다리)이 보통 5개로, 가운데 둥그런 중앙반中央盤이 있다. 중앙반의 5분의 1만 성하면 거기에서 새 불가사리가 저절로 생겨난다. 이런 안타까운 일이 어디 있담!? 섣부른 도끼 난도질은 바보스럽게도 도리어 불가사리의 개체 수를 늘려 준 꼴이 되고 말았다. 시름겨운 시행착오에는 참음이 따르니, 불행은 참는 힘이 약하다 싶으면 무겁게 덮치는 법이다.

　감히 죽일 수 없는 놈! 그래서 절치부심切齒腐心, 몹시 분하여 이를 갈며 속을 썩이면서 애써 불가사리를 잡아서 둑에 모아 말려 죽였는데, 요새는 이놈들을 가공하여 퇴비로 쓴다고 한다. 바다의 난봉쟁이, 말썽꾸러기 불가사리는 한 달 된 애송이 새끼 1마리가 일주일에 조개 50마리를 냉큼 먹어 치운다고 하니 목장을 침입하는 들개요, 닭장을 넘나드는 족제비만큼이나 사람들의 골머리를 앓게 한다. 굴밭의 잡초요, 메뚜기인 셈이다. 식성이 좋은 데다 어떤 것은 스스로 몸을 잘라서 수를 늘려 간다니 해괴망측하기 짝이 없다. 어쨌거나 딱히 천적 없는 생물은 없는 법인데 과연 독종 불가사리의 천적은 무엇일까? 맞다! 이 드센 불가사리도 '바다의 청소부'인 갈매기한테는 맥을 못 쓴다.

불가사리, 해삼, 성게들을 통틀어 극피동물이라 하는데, 이 것들은 하나같이 바다에만 사는 '바다 밑 왕자'들이다. 저 바다 깊은 바닥에는 온통 이것들 천지다. 걸리라는 고기는 안 걸리고 녀석들만 가득가득 그물에 걸려드니 어부들은 정말 죽을 맛이 다. 혹시 불가사리가 남자 정력에, 여자 미용에 좋다? 그렇다면 단박에 씨가 마를 터인데….

이윽고 어망 털기를 해야 하니 그것은 아낙네의 몫이다. 발 디딜 틈 없는 일터 사이사이를 비집고 다니면서 새끼 조개 채집 하느라 훼방꾼 노릇을 많이도 했던 필자다. 참 미안해하는 나에 게 뜨악한 표정 지으며 심드렁하던 '어부의 여인'들은 여유롭 게 한껏 애교를 부리며 "그것 무슨 약에 쓴다요?"하고 묻는다. 나도 싱긋, 웃음으로 답하면서 닭 모이 주워 먹듯 조개, 고둥 채 집에 손놀림이 바빠진다. 오늘도 그 자리에서 굳센 아낙들은 억 센 불가사리 털기를 하고 있을 게다. 그 차가운 바람에 검게 탄 여윈 얼굴을 하고서 말이다. 먹고사는 게 뭐기에 저 고생을 한 단 말인가. 수많은 아린 상념들이 눈앞에 어른거린다. 삼육대학 교에 재직 중인 신숙 교수가 쓴『대한민국동식물도감』제 32권 '극피동물 편'에 따르면 우리나라에 서식하는 극피동물은 총 159종으로 그중에서 불가사리 무리가 104종, 성게 무리가 26 종, 해삼 무리가 29종이다. 무시할 수 없고 과소평가할 수 없는 극피동물이다. 무엇보다 이런 '돈 안 생기는' 기초 과학 분야를 연구하는 여러 생물학자들께 상찬을 보내는 바이다. '과부 사정은 과부가 알고 홀아비 사정은 홀아비가 알아' 주지 아무도 모른다. 기초 과학이 밑받침을 든든히 받쳐 주는 나라가 과학 강국인 것! 여기까지는 전체적인 불가사리 이야기였다.

1) 별불가사리(*Asterina pectinifera*, starfish, sea star)

사실 갯벌에는 불가사리 무리가 살지 않는다. 조수 웅덩이나 개펄 가까이에 맞닿아 있는 얕은 바다에 한두 종이 있을 뿐이다. 웅덩이에서 흔히 보는 '별불가사리'의 특징을 간단히 보탠다면, 극피동물의 유극목有棘目, 가시를 가지는 무리, 별불가사리과의 동물로 몸은 오각형이고 팔이 5개이며 대칭축이 5로 오폭 상칭이다. 팔 길이는 6센티미터 정도이며, 위 등은 쪽빛 또는 짙은 녹색 바탕에 불규칙한 오렌지색 무늬를 띠고 아랫면은 연한 오렌지색이다. 한주먹 거리도 안 되는 미물이지만 언뜻 보면 낯설다. 놈들의 색깔이 무척 섬뜩하고 징그러운 느낌을 주니 분명 일종의 경계색警戒色인 것이다. 난생卵生하며 바닷가 바위나 모래자갈 밑에 산다. 실패를 닮아서 '실패불가사리'라고도 하며 몸의 윗면은 높은 편이고 아랫면은 납작하다. 속명 '*Asterina*'의 'Aster'는 '별'이라는 뜻이다. 바닷가 생물들의 그림에 자주 등장하는 바로 그 불가사리다.

육식성으로서 고둥, 갯지렁이, 성게 따위나 무척추동물을 잡아먹는다. 입은 아래 중앙에 있는데 입이 있는 아래를 입 쪽 또는 배 쪽, 입의 반대 자리를 등 쪽이라고 한다. 배 쪽은 넓적하고 입에서 방사상으로 각 팔의 정중선을 따라 홈 모양의 보대步帶가 있고 이 보대에 2줄 또는 4줄의 미미한 관족管발이 줄지어 있다. 관족은 근육질의 속이 빈 관으로 극피동물만이 갖는 고유 기관이다. 이것들의 수축, 이완에 따라 스멀스멀 기어 다닌다. 관족의 끝에는 빨판이 있어 그것으로 달라붙거나 끌어당기는 일을 한다. 체벽에는 석회질의 골판骨板이 내골격을 이루는데 이 골격 구조는 불가사리를 분류하는 기준이 되는 특징의 하나이다. 등은 보통 약간 불룩하고 중심부에 작은 항문과 천공판穿孔板, 물이 드나드는 작은 구멍이 있다. 암수딴몸으로 산란기는 6~7월이며 수정란은 부화하여 부유 생활을 하는 비피나리아bipinnaria라는 유생 시기를 거쳐 성장한다. 우리나라 전 해안선을 따라 살고 일본, 사할린 섬, 연해주 등지에 분포한다.

검은띠불가사리Luidia quinaria는 우리나라 모든 연안 얕은 바다의 모래나 모래펄 바닥에 산다. 팔은 보통 5개로, 관족은 2줄이고 그 끝의 흡반은 있거나 없는데 없는 것이 많다. 아득히 먼 오르도비스기 후기의 화석으로 발견되었는데, 지금까지 죽지 않고 길이길이 살아 있으니 꽤나 생명력이 질기다 하겠다. "모르는 것을 가르치면 귀신도 감히 못 알아먹는다."고 하는데, 극피동물의 설명이 결코 쉽질 않구나.

2) 보라성게(*Anthocidaris crassispina*, purple sea urchin)

바다는 누구나 동경하는 마음의 고향이 아닌가. 여름 바다는 득실득실 사람들이 많아 좋고 겨울 바다는 사람이 없어 호젓한 것이 더 좋다. 길동무 하나 없이 뉘엿뉘엿 땅거미가 내려앉는 탁 트인 수평선을 바라보면서 홀홀히 걷다 보면 응어리 맺힌 울화鬱火가 다 타버린다. 무엇보다 바다는 마음의 창을 활짝 열어 줘서 좋다. 해안을 여행하다 보면 너나 할 것 없이 횟집에 들르기 십상이다. 어떤 집에는 생선회 말고도 삐죽삐죽 가시가 한가득 난 것을 접시에 올려놓는다. 토막 낸 그 안에는 노란 무엇이 들어 있으니 낯선 그것을 먹으란다. 성게가 아니라 싱싱한 바다를 먹는다! 그런데 놀랍게도 몸이 토막졌는데도 뜬금없이 살아 꼼작거린다. 혐오스럽게 느낄 수도 있는 그 무엇이 다름 아닌 맛 좋은 성게다.

성게의 식성은 종류에 따라 다르지만 주로 해조류를 먹는다. 보라성게의 알이라 부르는 생식소는 독특한 향기가 있어 날것으로 먹거나 젓갈을 담가 술안주로 먹고, 초밥에 얹어 먹기도 하며 죽도 끓여 먹는다. 앞에서 이야기한 쟁반 위에 올려진 성게는 주로 보라성게이고, 여러분이 먹은 노란색의 그것이 바로 생식샘(난소나 정소)이다. 비릿하면서도 고소하다! 좀 출출한 탓일까. 글을 쓰면서도 군침이 한입 돈다.

성게를 '섬게' 또는 '밤송이조개' 라고도 하는데, 전체 모양이 밤송이처럼 둥그스름하고 밖에 가시가 많이 나 있으니 그렇게 부를 만도 하다. 그런데 그 가시에 찔리면 피부가 부어오르며 통증을 느낀다. 몸 아래에 입이 있고, 반대쪽에 항문이 있는데, 해부를 했을 때 석회질의 억센 이빨로 된 저작기咀嚼器가 초롱을 닮았으니 그 구조를 '아리스토텔레스 초롱Aristotel's lantern' 이라 부른다. 잘 알다시피 철학자 아리스토텔레스는 생물학자이기도 하다. 그는 동물 분류에도 관심을 가져서, 이미 2천 3백여 년 전 동물을 무혈동물無血動物과 유혈동물有血動物로 나누기도 하였다. 예나 지금이나 자연을 잘 관찰하는 사람이 시인이 되고 철학자가 되며, 또 과학자가 되는 것이다. 자연에 가까이 가려면 언제나 어린이의 마음, 동심을 잃지 말라고 타이른다. 편견과 선입견을 갖지 않는 순순한 마음이 동심인 것이니. 어린이처럼 철딱서니 없이 유치하게 살고 싶어라! 누구나 생자필멸生者必滅이요, 제행무상諸行無常하니 영생영락永生永樂하지 못한다. 유시유종, 시작이 있으면 끝이 있는 법. 평생 살 것처럼 부지런히 공부하고 내일 죽을 것처럼 열심히 살라 한다! 그렇다. 그 부지런함은 꿈에서 잉태한다. 꿈을 이루지 못한 것을 서러워 말고 꿈을 가져 보지 못한 것을 서러워하라!

성게는 극피동물, 만두성게과의 동물로, 개펄에는 없지만 조수 웅덩이나 간조선 바로 아래 바다에서 채집이 된다. 세계에 약 900종이 분포하며 한국에는 연잎성게sand dollar, 심장성게heart urchin 등 30여 종이 서식한다. 그중 보라성게가 가장 많이 잡힌다. 성게의 껍데기와 가시가 진한 검은 보라색이라 '보라성게'라는 이름을 얻었다.

제주도의 겨울 바닷가에서 해녀들을 만난다. 두꺼운 고무장갑을 끼었지만 늘 조신하다. 잡아 온 보라성게를 밤송이 모으듯 쌓아 놓고 한 마리씩 난도질하여 속의 노란 생식소를 모으고 있으니 보는 이를 놀라게 할 정도로 손놀림이 재빠르다. 그 일로 잔뼈가 굵어진 사람들이라 '자동적'이고 '기계적'이다. 날이면 날마다 얼마나 많은 성게를 잡았기에…. '우니ゥ二'라 하여 일본 사람들도 무척 즐겨 먹는다.

보라성게 중 큰 것은 지름이 5센티미터에 가까우며 가시가 많이 나서 전체 모양이 밤송이를 닮았는데, 가시 사이의 보대에는 5~8개의 관족 구멍이 활 모양으로 줄지어 있다. 이동 시에는 가시와 관족을 모두 사용한다. 가시는 강하고 큰데, 끝이 뾰족하고 큰 가시는 길이가 몸통 껍데기의 지름과 거의 맞먹는다.

성게 가시 사이에는 작은 새우가 숨어 살고 입 주위에는 꼬마 게와 작은 고둥들이 기생한다. 암수딴몸이며 알을 낳는 시기는 6~9월이다. 알은 인공 수정이 쉬워 생물학에서 수정과 초기 발생의 연구 재료로 흔하게 쓰인다.

3) 가시닻해삼(*Protankyra bidentata*)

우리나라 서해안과 남해안의 갯벌, 조간대에서부터 조하대潮下帶, 수심 50~100미터까지, 모래펄 속에서 많이 나는 유일한 해삼 무리다. 몸은 긴 원통 모양이고 체벽은 다소 투명하다. 관족과 관족 돌기는 없다.

필자의 짧은 글, 해삼 이야기를 읽어 보자.

해삼은 영어로는 'sea-cucumber'라고 하는데, 직역하면 '바다 오이'다. 산에 나면 산삼山蔘이요, 바다에 살면 해삼海蔘이라, 이들 '삼' 자가 붙은 것이라면 사람들은 사족四足을 못쓴다. 우리는 '바다 삼'이라고 이름 붙였는데 저쪽 사람들은 사물을 객관적으로 보아 그것이 오이를 닮았다고 '바다 오이'로 표현한다. 임어당林語堂께서 하신 말씀이 언뜻 떠오른다. "우리 중국 사람들은 물고기를 보면 잡아먹을 생각을 먼저 한다. 서양인들은 그것들의 발생, 생태들을 알고 싶어 하는데 말이지." 우리에게도 들어맞는가? 살아있는 놈을 가까이 가 자세히 들여다보면 몸이 원통형으로 길고, 등짝에는 오돌도돌한 돌기가 나 있어 진짜 오이를 빼닮았다

하지만 해삼을 잡아먹는 나라가 많지 않으니, 지중해 연안의 몇 나라와 동남아, 중국, 일본, 우리 정도라 한다. 그 비싸고 맛있는 해삼을 먹지 않는다니 바보들이 아닌가. 어떤 나라는 그걸 잡아서 비료로 쓴다니 말이다. 예부터 해삼은 혈분血分을 돕는다 하여 한약재로 썼으며, 중국 요리만도 해삼백숙, 해삼알찌개 등 20가지가 넘는다고 한다. 해삼내장젓 10그람에 1만원을 호가한다던가!? 그러니 우리 같은 보통 사람이 해삼젓을 얻어먹는다는 것은 언감생심焉敢生心, 어찌 감히 그런 마음을 먹을 수 있으랴!

해삼은 위기에 처하면 내장을 토해 내어 그것을 적敵에게 먹게 하는 자해自害 행위도 서슴지 않는다. 소아小我인 지체肢體를 희생하여 대아大我인 본체本體를 살려 보겠다고 몸뚱이를 그렇게 나누고 쪼갠다. 만신창이滿身瘡痍가 되어도 좋다. 그게 무슨 대수인가. 살아남기만 하면 장땡이다. 심하면 도마뱀이 꼬리를 던져 주듯이 몸의 일부를 잘라 버린다. 속 다 빼 주고 살아남아 내장이 새롭게 만들어지는 모질고도 끈질긴 생명력을 지녔다 하겠다. 그러므로 바닷가 횟집 앞마당 큰 통에 넣어 둔 해삼을 만지지 말아야 하는 까닭을 알았으리라. 까맣게 잊고 까탈스러운 해삼을 만졌다가는 발칙한 일이 벌어질 수 있다. 여윳돈이 있으면 만져

도 무방하다.

해삼은 소화관의 끝 쪽, 항문 안에 호흡수呼吸樹라는 호흡 기관이 있다. 물론 인도네시아같이 더운 곳에 사는 아주 큰 해삼에 해당하는 이야기다. 물고기 중에 '숨이고기'라는 작은 놈이 해삼의 항문을 들락거리며 살고 있으니, 그 놈이 꼼수를 부린다. 한마디로 그들 사이에 서로 좋은 공생이 일어난다. 숨이고기를 잡아먹으려 기웃거리던 큰 고기는 득달같이 해삼의 항문으로 쏙 들어가 버리는 이 녀석을 잡아먹을 수가 없다. 이렇게 숨이고기는 해삼한테 톡톡히 신세를 지는데 어떻게 그 빚을 갚을까? 그렇다, 숨이고기가 항문으로 들락날락거림으로써 바깥의 깨끗한 새 물이 들어가고 속의 더러운 물이 나가 마땅히 호흡수에서 맑은 공기를 얻을 수 있다. 해삼의 호흡 기관은 호흡수다. 하여, 세상에는 공짜 없다.

하지만 눈도 코도 없는 해삼도 적과 동지를 귀신같이 구별하여 친구 숨이고기가 아닌 딴 놈이 항문에 침입했다면 맹낭盲囊, 끝이 막힌 주머니을 발칵 뒤집어 독을 내뿜는다. 맹낭의 점액에는 홀로수린스holothurins라는 독소가 들어 있어서 한번 크게 당한 물고기는 주눅 들어 다시는 접근하지 않는다. 어느 생물이나 다 제 몸을 보호하는 방어 장치를 가지고 있더라!

3장　　갯벌은　잠들지　않는다

어류

척추동물脊椎動物인 어류魚類, fish는 어언 4억 년이 넘게 이 지구에 살아왔다. 억겁의 세월을 살아온 어류! 약 20만 년 전에 늦깎이 인간이 태어났다고 치면 물고기는 분명 우리의 '대형大兄'임에 틀림이 없다. 그 길고 긴 험한 세월을 천신만고千辛萬苦 끝에 무탈하게 이겨 낸 물고기들에게서 우리는 한 수 배워야 한다. 어떻게 지구에서 적응하여 끝까지 너끈히 버티고 살아남았는지 놀랍기 짝이 없다. 덧없이 바뀌는 환경에 생성과 소멸을 반복하면서 기어이 생존하였으니, 조상인 갑주어甲冑魚에서 시작하여 먹장어나 칠성장어 같은 원구류圓口類, 상어나 가오리 등의 연골어류軟骨魚類, 붕어나 잉어 같은 경골어류, 철갑상어, 허파물고기(폐어) 등의 순서로 진화하였다.

현재 지구에 살고 있는 물고기는 무려 2만 4600종이 넘으며 양서류, 파충류, 조류, 포유류 등 다른 척추동물을 몽땅 다

합쳐도 종 수가 물고기에 미치지 못한다. 한국산 어류는 모두 41목 203과 584속 961종이며 그 중에 765종이 해산어海産魚이고, 담수어淡水魚, 민물고기는 196종이라는 것이 근래 밝혀졌다. 우리나라 강줄기에 사는 물고기가 무려 200종이 된다!? 결코 적은 편이 아닌데, 그중에 몇은 이미 다른 세상으로 갔고, 또 다른 여러 종이 쓸쓸히 천 길 낭떠러지 교수대絞首臺 앞에서 죽을 날을 기다리며 마지막 유언遺言을 쓰고 있는 판이다. 미욱하게도 "매미 잡는 사마귀가 참새 무서운 줄 모른다." 하더니만 극악무도極惡無道한 인간들이 물고기를 짓이겨 못살게 하였으니 실성失性한 너희들은 성할 줄 아느냐? 다음은 정작 지지리도 못난 너 차례다!

어류도 원래 바다에서 생겨나 민물과 짠물이 섞이는 기수를 지나서 민물로 올라왔다. 물은 공기에 비하면 약 800배나 밀도가 높다. 그 큰 저항을 밀치고 방향을 틀면서 휙휙 내달리는 것은 아무래도 어류의 특유한 기관이라 할 수 있는 지느러미 덕택이다. 게다가 부레에 공기를 집어넣으면 부력浮力을 받아 슬며시 떠오르기도 하니 멋지게 적응하였다. 바다는 땅보다 살기 좋은 곳이라 고래, 물개, 바다사자 같은 포유류들이 오죽했으면 다시 바다로 기어들었겠는가. 전투에서 '후퇴도 작전'이라 했다. 놈들이 어찌 그걸 알고 바다로 재적응再適應을 했담? 이유

불문하고, 우리도 어머니 아기집子宮의 양수라는 물에 280일을 살아 봤기에 물이 좋은 것을 알고 있다. 그래서 덥다 싶으면 숨 가쁘게 달려가 '바다 양수'에 몸을 담그기 일쑤다. 맹물인 목욕탕도 그렇게 좋은데 양수 닮은 짠물에서야 말해 무엇하겠는가.

물고기는 물보다는 비중이 크다. 즉 무거워서 가만히 있으면 물 밑으로 가라앉는다. 상어는 부레가 없는 대신 기름기 덩어리인 큰 간 덕에 거저먹기로 물에 뜬다지만 그래도 가만히 있으면 가라앉기에 끊임없이 헤엄을 쳐야 한다고 한다. 다랑어, 가자미, 심해어 등은 부레가 없다. 그러나 보통 물고기는 모두 부레가 있어서 부력을 유지하니, 부레에 공기가 차서 부풀면 부력이 커져서 떠오르고 부레에 공기가 빠지면 내려앉는다. 부레는 식도와 연결되어 있고, 부레 아래쪽에 공기 샘이라는 조직이 있다. 물고기가 아래로 내려가고 싶으면 부레를 쪼그려서 공기를 식도로 내보내 입으로 뱉으면 된다. 반대로 떠오르고 싶으면 공기 샘에서 공기를 만들어 내어 이내 부레를 부풀린다. 오묘하다! 그렇게 해서 침수, 부상을 마음대로 한다!

물고기의 살갗은 비늘이 보호하고, 몸 옆에는 옆줄이 있어서 수온, 수류, 수압 등의 자극을 받아들인다. 옆줄을 이루는 비늘에는 중앙 옆으로 비스듬히 구멍이 나 있고, 그 구멍 아래에 말초 신경이 나와 있어서 감각을 받아들인다. 물고기도 먹이가 풍부하고 온도가 높은 여름철에 무럭무럭 자라고 겨울엔 시나브로 생장을 거의 멈춘다. 따라서 비늘이나 이석耳石에 켜켜이 쌓인 나이테年輪로 물고기의 나이를 알아낸다.

물고기의 호흡 기관은 바로 아가미다. 무기 호흡을 하는 세균 일부를 제외하고는 어느 생물이나 산소 없이는 살지 못한다. 산소가 불을 태우듯이 몸 안의 세포에서 양분을 분해한다. 물고기도 물에 녹아 있는 산소를 아가미를 통해 밤낮 가리지 않고 빨아들인다.

물고기는 암수딴몸으로 알을 낳는 난생이며, 체외 수정을 하니 물속에서 수정란이 발생을 한다. 그러나 예외 없는 법칙이 없듯이 난태생卵胎生을 하는 어류도 있으니, 내로라하는 구피guppy나 몰리molly, 무지개농어rainbow surfperch 무리는 새끼를 낳는다. 수정란이 몸속에서 발생하여 새끼가 다 되어서 태어난다니 아연 우리를 어리둥절케 한다! 물론 홍어洪魚처럼 체내 수정을 하는 종도 더러 있다.

우리를 새삼 일깨워 주는 목탁木鐸이나 목어木魚, 고즈넉한 산사山寺의 처마 끝에 대롱대롱 매달려 맑은 소리 들려주는 풍경風磬이 예의 물고기를 닮았고, 초대 교회의 심벌 또한 물고기다. 장수將帥의 근사한 갑옷에는 수많은 미늘metal scales이 달려있다. 물고기는 다른 말로 어류요, 생선이다. 많은 물고기가 떼를 짓는다. 그러므로 공격해 오는 적을 빨리 봐서 피하고, 암수가 같이 있어서 짝짓기가 쉽다. 암컷이 알을 낳으면 단박에 씨를 흩어 뿌리면 되니 짝을 찾는 데 드는 힘을 줄일 수 있다. 물고기의 일반적 특성을 아주 간단히 설명하였다. 이 많은 물고기 중에 개펄에 사는 물고기로는 망둑어가 유일하다 하겠다. 이에 이들 물고기 몇 종을 대표로 잡아서 그들의 특징이나 어류에 얽힌 이야기를 풀어 간다.

1) 문절망둑(*Acanthogobius flavimanus*, yellowfin goby)

옛 문헌들에는 망둑어 또는 문절어文節魚로 기록되어 있는 종이다. 영어로 'yellowfin goby'라 부르는데 'yellowfin'은 '지느러미가 노랗다'는 뜻이고, 'goby'는 라틴어 'gobio'에서 온 것으로 '바닥에 사는 작은 고기'라는 뜻이다. 망둑엇과를 'Gobiidae'라고 쓰니 그 까닭을 알겠다. 농어목Perciformes 망둑엇과 어류로, 몸길이는 최대 30센티미터인데 망둑어 중에서 아주 큰 편이다. 체색은 연한 회갈색이고 등에는 얼룩 반점이 있으며 배는 흰색이다. 다른 망둑어와 구별할 수 있는 가장 큰 특징은 첫 등지느러미에 8~9개의 가시가 나 있다는 점이다. 몸은 원통형으로 길고, 머리는 위아래로 약간 납작하며, 꼬리 부분은 옆으로 납작하다. 머리와 입이 큰 편이고, 위턱과 아래턱의 길이가 거의 같으며, 턱에는 이빨들이 줄지어 나 있다. 배지느러미가 변형하여 빨판이 되었으니, 모든 망둑어가 이것을 바닥이나 돌 따위에 몸을 바싹 달라붙이는 데 쓴다. 몸 옆에는 세로로 진한 갈색의 얼룩무늬가 여러 줄 나 있다.

하구 근처에 떼 지어 살며 때때로 강을 거슬러 올라가기도 한다. 아무거나 잘 먹는 잡식성으로 갯지렁이나 어린 갑각류, 물풀, 바닥의 유기질을 주로 즐긴다. 1~5월 산란철 즈음이면 수컷은 혼인색婚姻色으로 배지느러미가 검게 변하며 입이 커지고 입술이 두꺼워진다. 만사 시와 때가 있는 법. 수컷은 서둘러 진흙 속에 Y자 모양으로 굴을 파서 산란장을 마련하고, 암컷은 거기에다 연신 6천~3만 개의 알을 낳는다. 수컷은 수정란이 부화할 때까지 알을 지키면서 보살펴 준다. 개펄을 뒤적거리며 사는 천한 물고기라고 탐탁지 않게 여기지 말라. 부정父情이 남다른 망둑어다! 이제 막 씨의 정기精氣를 받은 알은 4주 후에 부화하고, 갓 깨인 가녀린 것들은 2센티미터가 될 때까지 그곳에 머물다가 얼마 뒤에는 어김없이 멀리 제 세상으로 살길을 찾아 나선다. 참 버거운 앞날이 기다리지만 어차피 떠나야 할 처지인 것을! 내남 할 것 없이 부모와 자식이 어디 같이 사는가? 보통 수컷은 조숙하여 1년이면 반듯한 성어成魚가 되지만 암컷은 2년 후에야 성어가 되고 산란 후에는 여느 물고기들처럼 느닷없이 죽고 만다. 생자필멸生者必滅이요 성자필쇠盛者必衰라, 머뭇거리지 않고 한순간에 가 버리는 그들의 여한 없는 깨끗한 죽음이 마냥 부럽기만 하다. 늙어 추한 꼴 보이지 않고 죽는 것이 마지막 남은 소원인 우리들 입장에서 보니 더욱 그러하다. 부탁하노니 잠자듯 스르르 안락사安樂死하게 해 다오! 곱게 산 사람은 예쁘게 죽는다고 하니 그 말이나 믿어 볼까.

새우나 갯지렁이 등의 미끼를 이용한 낚시로 쉽게 걸려들기에 낚시꾼들에게 인기가 있다. 지방 함량이 적고 단백질과 비타민이 풍부하며 구이, 찜, 매운탕, 회로 먹거나 말려 먹기도 한다. 오염에 민감하지 않아 수질이 좀 좋지 않아도 잘 사는 편이나, 간척 사업 등으로 서식지를 점차 잃어가고 있는 형편이다. 우리나라, 일본, 중국, 시베리아 등지의 뻘밭에 산다.

2) 흰발망둑(*Acanthogobius lactipes*, white ventral goby)

문절망둑과 같은 속명이며, 최대 몸길이는 9센티미터이고, 등은 푸르스름한 갈색이며, 배는 은백색이다. 그래서 서양 사람들은 'white ventral goby'라 부른다. 다른 망둑어와 다르지 않게 몸은 약간 길고 앞쪽은 원통 모양이며 뒤로 갈수록 옆으로 납작하다. 머리는 크고 위아래로 납작하다. 눈은 작고 주둥이는 길고 둔하며, 입은 거의 일자一字형으로 크다.

민물이나 기수, 바다 등에서 사는 광염성 어류다. 일생을 민물에서만 사는 것도 있지만 민물에서 태어난 새끼가 곧바로 바다로 내려가 거기에 살면서 몸 양쪽 옆면에 검은 색소포가 나타나게 되면 드디어 하구에 나타나고, 이어서 강으로 올라가기도 한다. 아직 이들에 대한 연구가 많지 않아서 확실한 생리 생태를 알 수가 없다 한다. 한국 남부, 일본 연안, 중국에 분포한다.

3) 말뚝망둥어(*Periophthalmus modestus*, shuttles hoppfish, mudskipper)

몸길이는 최대 10센티미터로 문절망둑에 비하면 아주 작은 축에 든다. 체색은 검은 갈색으로 등은 진하고 배는 연하다. 가슴지느러미를 이용해 땅 위에서 잘도 기어 다니는데 급하면 어설프게나마 걷는 듯 뛰기도 하니, 영어로 'hoppfish'는 메뚜기처럼 팔딱팔딱 뛴다는 의미이고, 'shuttles'는 '활발하게 왔다 갔다 한다'는 뜻이다. 그리고 'mudskipper'는 '진흙에서 뛰는, 춤추는 녀석'이라는 뜻이다. '날고 기는 놈'이라는 말이 있더니만 녀석들이 그렇다!

몸은 원통형이고 꼬리 부분으로 갈수록 옆으로 납작하다. 머리는 둥그스름하고 주둥이는 아주 짧다. 눈은 머리 위로 툭 튀어나와 있고, 첫 번째 등지느러미는 활짝 펴서 우뚝 세워 멋을 부린다. 배지느러미는 나비넥타이 모양의 빨판으로 변해서 돌 따위에 붙는 데 쓰며, 몸 옆에는 갈색의 가로줄 무늬가 많고, 작고 검은 반점이 온몸에 산재한다.

축축한 상태에서는 길게는 3일 정도 물에 들어가지 않고도 살 수 있으며, 간간이 물 밖에 기어 나와 벌레를 잡기도 한다. 녀석들은 여차하면 땅에 올라와 살 준비를 하고 있는 게 아닐까? 맛이 그리 좋지 않아 한약으로 쓴다고 한다. 참고로 중국에서는 한약을 '漢藥', 우리는 '韓藥'으로 쓴다. 특이한 생김새 덕분에 관상어로 인기가 있다. 우리나라, 일본, 중국, 타이완, 홍콩 등지에 분포한다.

4) 짱뚱어(*Boleophthalmus pectinirostris*, luespotted mud hopper)

사실 갯벌은 논밭 다음으로 제3의 농토였다. 육지는 흉년이 들어도 펄밭은 흉년이 없다. 갈고리 하나만 들고 개흙밭에 들어가면 굶어 죽지는 않았다. 망둑어도 귀한 고급 단백질이 아닌가. 세계적으로도 바다와 접한 농촌 사람들이 건강하게 장수한다고 한다.

짱뚱어는 몸길이 약 18센티미터로 망둑어 중에서 중간쯤 되며, 배는 연한 색이고 몸엔 흰색의 작은 점이 흩어져 있다. 영어 이름 'luespotted mud hopper'에 이 어류의 특징이 들어 있으니, '흰 점이 나 있으면서 진흙 위를 뛰는 녀석'이라는 의미이다. 정약전의 『자산어보』에서는 눈이 튀어나온 모양을 두고 '철목어凸目魚'라 하였고, 속명俗名으로 '장동어長同魚'라 하였으며, 『전어지』에서는 '탄도어彈塗魚'라 하였고, 한글로 '장뚜이'라고도 하였다.

몸은 가늘고 길며 뒤로 갈수록 점차 옆으로 납작해진다. 머리와 몸의 앞쪽은 원뿔 모양인데, 머리는 크고 위아래로 납작하며 머리의 너비가 몸의 너비에 비해 넓다. 주둥이는 짧고 끝은 둥글다. 입은 아래쪽에 비스듬하게 열리고 윗입술은 두껍다. 등지느러미 가시는 가늘고 길며, 제2등지느러미에 타원형의 크고 흰 점이 가로로 6줄 있다. 꼬리지느러미에는 흰색 반점이 세로로 늘어서 있다. 남해안에서는 식용하니 생김새가 하도 요상하여 먹음직스럽게 보이는 물고기는 아니지만 그 맛과 영양가는 어떤 바닷물고기보다 뛰어나 보신탕보다 낫다고 여긴다. 갯벌 중에서도 오염이 되지 않은 깨끗한 갯벌에서 살며 날로 심해 가는 해양 오염을 알리는 잣대, 지표종으로 손꼽힌다. 양식은 잘 되지 않으며, 한국, 일본, 타이완, 미얀마, 말레이 제도 등 열대 해역에 분포한다.

5) 꾹저구(*Chaenogobius urotaenia*, floating goby)

역시 망둑어의 일종으로 주로 바닷물이 드나드는 강 입구에 살지만 민물까지 거슬러 올라오니, 농수로에서 시끌벅적 무더기로 산다. 족대를 펴서 물길에 대 놓고 펑덩펑덩 발길질로 내리 쫓으면 한곳에 떼거리로 몰려드니 놈들 잡기가 그리 어렵지 않다. 담수에 살면서 산란하고, 수정란은 2주 후에 부화하며, 새끼 물고기는 얄궂게도 곧바로 바다로 내려가 살다가 3센티미터 정도 자라면 강으로 올라와 돌 밑에서 월동한다. 맹물, 짠물, 냉탕, 온탕을 오락가락 하는 것에 고개가 갸우뚱해지지만 연어, 뱀장어 등 여러 무리들이 그 짓을 밥 먹듯 한다. 삼투압 조절 능력이 뛰어난 특수한 생명들이 부리는 곡예로다. 성체는 약 14센티미터쯤 되고, 수서 곤충이나 어린 물고기를 잡아먹고 산다. 육식성이라 냄새나 비림이 덜하다. 대략 10센티미터가 되면 다 자란 물고기가 된다. 이렇게 실팍하고 통통한 놈을 잡아 탕을 끓이니, 강원도 동해안에서 속풀이 별미로 먹는 '꾹저구탕' 이다! 하지만 망둑어에 대해 속속들이 알지 못하고 있는 것이 무척 아쉽다. 그나마 괜찮다고 여기는 어류학 분야인데도 몇 안 되는 학자들의 손이 여기까지 미치지 못한 탓에 그런 실정이다. 학계의 사정이 이런 추세라면 영원히 손을 놓게 될지도 모른다. 우리나라 전역, 일본과 시베리아 전역에 분포한다.

독살

　　독살은 전통적인 고기잡이 방법의 하나로 석방렴石防簾이라고 부른다. 갯벌에 해안선과 평행하게 보통 100미터 내외의 길이로 낮은 돌담을 쌓아 밀물에 고기가 물 따라 들어왔다가 썰물이 지면 돌담 안에 물고기가 갇히도록 한다. 물때 맞추어 나가 쉽게 말해서 줍기만 하면 된다. 반두(족대) 같은 뜰망으로 그냥 떠서 잡으니 대부분 숭어, 전어, 새우, 멸치 등으로 큰 힘 들이지 않고 고기를 잡는다. 설치 장소는 갯벌의 경사가 급하지 않으며 썰물 때에도 돌담 안에 물이 약간 남아 있을 정도면 좋다. 담의 밑돌은 큰 것으로 3줄 정도, 위로 갈수록 폭이 좁게 지면서 작은 돌로 쌓는다. 돌과 돌 사이 성긴 부분은 잔돌로 채워 넣는다. 높이는 보통 사람 가슴팍 정도로 돌담 꼴은 약간 구부러지거나 ㄱ자 모양이며, 가운데쯤에 물고기가 모이도록 좀 깊은 웅덩이를 파 둔다. 근래에는 거들떠보지도 않아서 점점 망가져 버려 안타깝게도 거의 볼 수 없지만 제주도와 태안반도 등지에 100여 개가 남아 있다고 한다. 만물유전萬物流轉이라 했다. 같은 강물에 두 번 발을 담글 수 없다는 것이 아닌가. 옛 문화 하나가 또 이렇게 우리에게서 멀어져 간다. 아쉽게도 사라진 것은 되찾기 어려운 법인데….

죽방렴(竹防簾, 대나무로 엮은 발)

　　독살과 함께 원시적인 고기잡이 방법의 하나이다. 물살이 드나드는 좁은 바다 물목, 좁은 수로에 V자 형태로 대나무 발을 엮어 막은 뒤 밀물과 썰물에 오가는 고기를 가두는 방식으로, 대나무로 막아 잡는다 하여 죽방竹防이라 부른다. '죽방멸치'라는 말을 들어 보았을 터이다. 주로 남해안에서 볼 수 있는데, 일반 멸치처럼 그물로 잡지 않고 빠른 유속에 의해 멸치들이 죽방렴 안으로 들어가게 함으로써, 비늘이나 몸체 손상 없이 잡아 육질이 단단하고 기름기가 적으며 비린내가 나지 않는 고급 멸치이다. 옛날에는 쪼들린 삶에 먹을 게 없고 살림살이가 빠듯하였으니 구명줄로 대우 받았을 독살과 죽방렴이 아니었던가.

조류

갯벌과 바다에는 양서류가 한 종도 살지 않는다. 허파 호흡보다 주로 피부 호흡에 의존하는 양서류의 살갗은 습기가 공기를 녹여 산소를 흡수하기 때문에 늘 물기가 축축하면서 센 바람만 스쳐도 다칠 듯이 아주 부드럽다. 여린 살갗에 염분이 닿으면 살아남지 못하는 탓에 바닷바람도 쐬지 못하는 것이다. 지구에 무서운 자외선이 잔뜩 증가하면서 그 탓에 어이없이 피멍 들고 멸종되는 동물이 늘어나고 있으니 그중에서 양서류가 가장 많은 것도 피부가 턱없이 약한 까닭이다. 뿐만 아니라 파충류爬蟲類, reptile도 거북이 무리를 제외하고는 바다에 얼씬도 않는다. 한마디로 바다는 무척추동물과 어류들의 세상이다! 여기 소개하는 몇 종의 조류들은 개펄에 날아와 산다.

그러면 조류鳥類, bird, aves는 어떻게 공중에 뜰 수 있을까? 예로부터 하늘을 나는 것은 인간의 간절한 바람이 아니었던가. 이제는 새를 본 뜬 비행기를 만들어 새들의 코를 납작하게 만들어 버렸지만. 그 거대한 물체가 수많은 사람과 짐을 싣고 하늘을 나는 것을 보면 사람의 힘과 능력이 대단하다는 것을 새삼 느낀다. 사람의 지혜는 끝이 없어라!

보통 생물은 죄다 물과 뭍에 걸맞게 적응하였는데, 유독 곤충 무리와 새들은 하늘을 품었다. 대단히 엉뚱한 생물들이다! 그들이 모두 날개로 비상飛翔한다는 것은 정한 이치다. 그러면 어떻게 몸무게를 줄였을까. 날개를 저어 일사천리一瀉千里로 휙휙, 펄펄 날기 위해서 가슴뼈와 거기에 붙은 근육을 특별하게 발달시켰다. 그래서 닭의 가슴살이 그렇게 푸진 것이다. 우리가 즐겨 먹는 닭을 비롯해 새는 어느 것이나 껍질의 기름을 빼고는 온 몸뚱이가 단백질인 것도 특이하다. 새의 다른 특징은 뭐니 뭐니 해도 보온保溫과 방수防水에 긴요한 깃털에서 찾는다. 게다가 몸을 가볍게 하기 위해 몸 안에 공기주머니가 꽉 찼고, 창자가 매우 짧아 대변을 제때 재빨리 배설하며, 방광이 없어 소변을 저장하지 않을 뿐더러(대소변을 같이 봄) 뼈 안이 텅텅 비었다. 기온이 낮은 고공高空을 허리가 휘도록 날면서도 숨을 쉬기 위해 대장간의 풀무처럼 들숨과 날숨이 연거푸 허파에 공기를 공급하게 되어 있으니 이런 것이 조류의 압권壓卷이요, 진면목眞面目이라 하겠다. 마라톤 선수가 달리기에 힘이 드는 것은 산소가 부족한 탓임을 새겨 보면 막막한 천 리 길을 한숨에 날으는 철새들이 딱히 지치지 않는 이유를 알 것이다. 체온 역시 포유류보다 높은 40도라서 높은 고도를 빠르게 날면서도 체온 저하로 고생하지 않는다. 그 뜨끈한 체온으로 알을 품으니 병아리가 나온다. 닭은 두 번 태어난다! '닭은 알을 낳고, 알은 닭을 낳는' 다. 유선형流線型인 몸태도 공기 저항을 줄이는 데 한몫 거들었으며, 커다란 눈眼을 가지고 있어 뛰어난 시력으로 먹잇감을 찾는다. 이렇게 새들의 몸은 공중을 날기 위해 옹골차게 변해 왔다.

새를 이동移動에 기준을 두고, 한 지역에 늘 머무는 텃새permanent resident bird와 먼 길을 오가는 철새migratory bird로 나눈다. 철새 중 우리나라에서 여름을 지내면서 새끼를 치는 여름 철새는 고만고만 자잘한 숲새이고, 시베리아 등 북쪽에서 산란하고 우리나라에 와서 단지 겨울을 지내는 겨울 철새는 거의가 덩치 큰 물새이다. 그리고 남이나 북으로 가기 위해 잠깐 우리나라에 머무는 나그네새通過鳥, bird of passage, 태풍 등으로 자칫 잘못하여 엉뚱하게 다른 곳에서 날려 온 길 잃은 미조迷鳥, decoy, 여름에는 높은 산에서 살며 나무에 집을 지어 번식하면서 벌레나 송충이(나방이 유충)를 먹다가 벌레가 없는 겨울엔 산 아래로 내려와 간신히 나무 열매나 꽃의 꿀물을 먹고 사는 동박새나 굴뚝새와 같은 떠돌이새漂鳥, wanderer 등으로 나눈다.

또 식성이나 서식처를 기준으로 다음과 같이 네 무리로 나누기도 한다. 식성에 따라 부리의 길이나 세기 등이 달라지고 서식처에 따라서 날개의 모양이나 다리의 길이가 다르지 않을 수 없을 것이다.

- **수금류(水禽類, water bird)** 물에 사는 새들로, 이것을 다시 물 위나 물속에서 작달막한 물갈퀴 달린 다리로 헤엄치는 유수류遊禽類와 긴 다리로 걸어 다니는 꺽다리 새인 섭수류涉禽類로 나눈다.

- **맹금류(猛禽類, birds of prey)** 몸이 강건剛健하고 부리와 발톱이 매우 날카로워 바람을 가르며 날면서 눈에 띄는 먹잇감을 족족 잡아먹는 육식성 조류들을 말한다.

- **명금류(鳴禽類, song bird)** 목울대기관에서 기관지로 갈라지는 자리에 있는 고리 모양의 연골로, 그것을 진동하여 예쁜 소리를 냄가 발달하여 노래를 잘 부르는 참새목의 새들이다.

- **주금류(走禽類, runners)** 타조, 키위, 에뮤 등과 같이 날개가 퇴화하여 뜀박질하는 새들이다.

새는 유양막류有羊膜類로 난생하며, 진화의 발자취를 찾아 들어가 보면 파충류에서 생겨났다는 것이 밝혀진다. 새 날개의 본바탕은 앞다리로, 나는 기술을 터득하여 날개가 된 것이다.

이제껏 알려진 모든 동물 중에서 새와 포유류만이 정온동물定溫 動物, 온혈동물, 항온동물이다. 새들이 없는 세상은 예사롭지 않다. 상상만 해도 섬뜩하다! 하루에 자연의 소리를 10가지만 들으라고 하는 말을 흘려들어선 안 된다.

새 중에는 위기종危機種, endangered species 말고도 '깃대종 flagship species'이 있다. 생태계를 구성하는 많은 종 가운데 보호할 필요가 있다고 생각되는 생물종을 말하며, 깃대종이 한 지역의 생태계를 대표하는 상징종이기는 하지만 이 종이 없어진다고 해서 꼭 생태계가 모조리 파괴되는 것은 아니다. 이와 달리 생태계의 여러 종 가운데 종의 유지가 생태계를 유지하는 데 결정적 역할을 하는 종을 '핵심종keystone species'이라고 한다. 이제 갯벌에 사는 새들을 만나 보자.

1) 저어새(*Platalea minor*, black-faced spoonbill)

저어새는 황새목, 저어새과에 들며, 저어새과에는 노랑부리저어새, 저어새, 따오기 따위가 있다. 저어새들이 동무들과 성큼성큼 앞다투어 앞걸음질 하면서 기다란 밥주걱 모양의 부리를 쩍쩍 벌리고 개펄 바닥을 좌우로 휙휙 저어 대며 논 매듯이 먹이를 잡으니 '저어새'라는 멋진 이름을 얻었다! 영어 이름 'spoonbill'의 'spoon'은 숟가락, 'bill'은 부리라는 뜻이다.

우리는 새의 행동을 보고, 서양 사람들은 특징적인 형태를 보고 명명命名하였구나! 부리 주위에는 아주 예민한 감각 기관이 있어 끝자락에서 먹이라는 것을 느끼면 곧바로 부리를 꽉 다물어 버린다. 녀석들은 먹이를 잡아도 그냥 삼키지 않고 부리를 위로 치켜든 채 좌우로 흔들어 물을 탈탈 거듭 털고 나서 먹는다. 머리를 옆으로 흔들어 '부否, no!'의 뜻을 표시하는 짓을 '도리머리'라 하는데, 저어새도 이래저래 도리질하는 데는 명수名手다.

저어새는 몸길이 73센티미터 정도로 다소 작은 편이며, 부리는 15~19센티미터 안팎이고, 검은 부리색이 눈 주위까지 넓게 퍼져 있다. 'black-faced spoonbill'이라 부르는 까닭이다. 저어새는 우리나라에서 여름을 지내는 여름 철새이다. 여름과 겨울에 깃털색이 차이를 보이니, 겨울 깃은 모두 흰색이지만 여름 깃은 암수 모두 뒷머리에 황색을 띤 장식깃冠羽, 댕기이 발달하며, 앞가슴에 노랗고 넓은 띠가 나타난다. 어린 새는 부리색이 연하며 날개 끝이 검고 장식깃과 앞가슴의 노란 띠가 없다. 그러므로 장식깃이란 성조成鳥가 되어야 생기는 '생식生殖깃'인 것이다. 아무렴 어린 것과 큰 것에 차이가 있다. 많은 새들이 알에서 갓 태어난 것들은 깃털에 꼬질꼬질한 여러 색들이 돋지만 자라면 그 색이 없어지고 다른 색으로 바뀌거나 숫제 흰색으로 바뀐다. 노란 병아리가 흰 닭이 되듯이. 녀석들의 깃털 다듬기가 특이하니, 암수 한 쌍이 서로 마주 보고 짝꿍의 깃을 다듬어 준다는 것이다. 짝이 무엇이기에!? 전체적으로 보아 날개와 목, 부리는 길고 꽁지는 짧은 편이다. 날 때는 목과 다리를 쭉 뻗으며, 따오기의 부리는 밑으로 굽었으나 저어새의 부리는 곧다. '곽-곽-곽', '큐우우, 큐우우' 하고 낮은 소리를 내고, 7월경에 무인도의 바위 위나 바위 턱에다 둥지를 튼다. 둥지는 마른 나뭇가지나 풀 줄기를 써서 접시 모양으로 만들고, 흰색에 엷은 자색과 갈색 반점이 흩어 나 있는 알을 4~6개 낳아 암수가 교대로 품는다. 육식성으로 주로 곤충류, 새우 같은 갑각류, 물고기, 올챙이나 개구리, 도마뱀을 먹는다. 현재 전 세계 생존 집단이 약 550개체로 추정되는 매우 희귀한 종이다.

저어새는 바닷가나 간척지, 늪지, 갈대밭, 논 등지에서 양껏 먹이를 찾고 숲에서 잔다. 1~2마리 또는 작은 무리를 지어 생활할 때가 많지만 20~50마리씩 무리를 짓기도 한다. 유도, 역도, 비도 등 서해의 무인도에서 번식하며 제주도, 타이완, 홍콩, 베트남, 일본 등지에서 월동한다. 천연기념물 제 205-1호로 지정되어 보호하고 있는 멸종 직전의 동물이다. 산이나 갯벌에서 아직도 산 생물로 장난치는 용렬한 밀렵꾼들이 망나니짓을 한다고 하니 엄하게 다스릴지어다.

끝으로 저어새의 사촌인 따오기*Nipponia nippon*를 간단히 보지 않을 수 없다. 따오기는 한자로 주로朱鷺 또는 홍학紅鶴이라 한다. 몸길이 약 75센티미터, 날개 길이 38~44센티미터, 부리 길이 16~21센티미터이다. 흰색형과 회색형 두 가지가 있으며, 전체적인 몸 빛깔은 흰색이고 머리 뒤쪽에 벼슬 깃이 있다. 우리나라에서는 천연기념물 제198호로 지정하여 보호하고 있고, 국제자연보존연맹이 정한 멸종 위기종 목록에도 등록되어 있는 국제 보호조이다. 현재는 멸종 위기에 처해 있으나, 중국과 일본이 솔선수범하여 따오기 복원 계획에 성공하였고, 우리나라도 요 근래 중국에서 한 쌍을 기증 받아 경상남도 우포늪 근방에서 복원 사육을 시작하였다. 늘 귀한 것이 대접 받듯이 따오기가 호강한다! 발칙하게도 그럴 거면 뭐하러 그렇게 잡아 죽였담, 병 주고 약 준다더니만! 아무튼 천 년 동안 단 한 번 만난다는 천재일우의 기회렷다.

옛날에는 동요의 노랫말에 오를 정도로 흔한 철새였는데 어쩌다 이 꼴이 되었단 말인가. 함부로 잡아 죽인데다가 농약이나 제초제를 남용한 탓에 개체 수가 나날이 급감하면서 지구에서 절멸絶滅할 조짐이 보이는 무리다. 오호 통재嗚呼痛哉라, 아쉽고, 아깝고, 불쌍하고, 원통하여 가슴이 먹먹하도다. 먹고사는 데 급급하여 그들을 돌볼 겨를이 없었던 점도 인정한다. 곳간이 차야 예를 지킨다고 하지 않았던가. 자업자득自業自得, 자승자박

自繩自縛, 인과응보因果應報가 따로 없다. 자신이 저지른 과보果報나 업을 자신이 받는다. 정녕 다 내 탓이로다! 미안하다, 이제부터라도 한눈팔지 않고 잘 보살펴 줄 테니 이 언약을 믿어도 좋다. 자연에 대한 경외지심敬畏之心을 잃지 않겠다!

윤극영의 초창기 창작 동요로, 일제 강점기 나라 잃은 애달픈 민족의 한이 서려 있는 동요 '따오기'다.

보일 듯이 보일 듯이 보이지 않는

따옥 따옥 따옥 소리 처량한 소리

떠나가면 가는 곳이 어디 메이뇨

내 어머니 가신 나라 해 돋는 나라

잡힐 듯이 잡힐 듯이 잡히지 않는

따옥 따옥 따옥 소리 처량한 소리

떠나가면 가는 곳이 어디 메이뇨

내 아버지 가신 나라 달 돋는 나라

2) 두루미(*Grus japonensis*, Red-crowned Crane)

두루미는 평화와 장수의 상징으로 여겨져 그림이나 자수刺繡에 자주 등장하는 새로, 두루미목 두루미과에 든다. 학鶴이라는 이름으로 일반에도 잘 알려져 있으며, 전 세계에 2000여 마리 남짓 살고 있는 아주 희귀한 축에 드는 새이다. 학은 영어 이름으로 'red-crowned crane' 말고도 'Japanese Crane'이나 'Manchurian Crane'이라 부르며, 중국에서는 '丹頂鶴'이라 부르는데, '丹'은 붉다, '頂'은 왕관을 의미하니 '붉은 관을 인 새'라는 뜻으로 동양에서는 행운과 장수, 그리고 정절의 상징이기도 하다. 새 중에서도 출중出衆한 것이 한마디로 단아端雅해 보이는 멋쟁이 학이다!

'red-crowned crane', '정수리가 붉은 크레인起重機, crane'이라고? 고층 건물을 지을 때 물건을 올리고 내리는 크레인이 바로 이 학이란 말인가? 여러 마리 인조人造 '쇠 학'들이 공중에서 목을 길게 빼고 이리저리 움직이는 것을 보고 있노라면 그것이 두루미를 닮았다는 생각이 든다. 이래저래 이름을 잘도 붙였다!

두루미는 대형 조류지만 덩치에 비해 유달리 머리가 작으며 목과 다리는 유별나게 긴 새이다. 학처럼 목을 길게 빼고 간절히 기다리는 것을 학수고대鶴首苦待라 하고 '자나 깨나 잊지 못하는 것'을 오매불망寤寐不忘이라 하지! 몸길이 136~140센티미터, 날개 편 길이 약 240센티미터, 몸무게가 근 10킬로그램이다. 수컷 중에서 가장 큰 놈은 무려 15킬로그램이나 되는 것도 있다. 온몸이 은빛 흰색이고, 머리 꼭대기가 붉으니 이것을 '단정丹頂, red crown'이라 한다. 어린 두루미는 닭의 병아리가 볏이 없듯이 단정이 없으며, 다 자란 놈이 화가 나거나 흥분하였을 때는 깃이 더욱 붉어진다고 한다. 이마에서 목에 걸친 부위는 검고, 날개의 안쪽 둘째 날개깃과 셋째 날개깃은 검정색이며 나머지 날개깃은 흰색이다. 꽁지를 덮고 있는 둘째 날개깃이 검정색이므로 앉아 있거나 걸을 때는 마치 꽁지가 검은 것처럼 보인다. 꽁지는 희면서 짧은 것이 뭉쳐 있어서 "두루미 꽁지 같다."는 말이 생겨났으니, 수염이 짧게 많이 나서 더부룩한 것을 비유하는 말이다.

천연기념물 제202호로 우리나라 경기도 연천군, 강원도 철원군 주변의 비무장 지대와 강화도 부근의 해안 갯벌에 많게는 700마리까지 날아든다고 한다. 정말 반가운 것은 괄시당하고 푸대접 받았던 학이 아직 우리를 버리지 않았다는 것이다. 면구스럽게도 우리는 죽었었지만 영명英明한 당신들은 깨어 있었구나. 아, 고마운 두루미들! 그래서 한겨울 눈이라도 오면 먹을 것이 없어 고생하는 그들을 위해 들녘에 알곡을 그득 흩뿌려 주는 것이다. 이들의 원래 고향은 저 북쪽 시베리아 등지로 우리나라는 잠깐 머무는 객지이다. 등 따습고 배부른 고향을 등지고 나와 풍찬노숙風餐露宿하는 길손 생활에 큰 불편 없도록 세심하게 배려해 주자.

우리나라에 날아오는 두루미는 검은목두루미, 두루미, 재

두루미, 흑두루미(이것이 거의 전부를 차지함), 시베리아흰두루미
(얼마 전에도 순천만에 한 마리가 나타났다 함) 5종인데, 여러 마리가
날 때는 V, W, Y 모양으로 대형隊形을 이룬다. 시베리아의 우수
리 지방과 중국 북동부, 일본 홋카이도 동부 등지에서 번식하
며, 둥지는 땅 위에 짚이나 마른 갈대를 쌓아 올려 접시 모양으
로 짓지만 우리나라에서는 산란하지 않으므로 보금자리를 마련
하지 않는다. 6월경 한배에 2개의 알을 낳는데 알의 크기는 가
로 6.5센티미터, 세로 10센티미터 정도이고, 2개를 낳지만 1마
리만 산다. 암수가 함께 품어 32~33일이면 부화하고 약 6개월
동안 어미의 보호를 받으며 자란다. 미꾸라지, 올챙이, 갯지렁
이, 다슬기, 갑각류 등 동물성과 옥수수나 추수하다가 남은 낙
곡落穀, 미나리, 풀뿌리 등 식물성 먹이도 먹는 잡식성 동물이
다. 단순히 식물성이나 동물성 먹이만 먹는 동물보다 잡식성 동
물이 더 생존력이 강한 법이다. 사람이 지구상에서 주인 노릇을
할 수 있었던 것도 잡식성인 탓이 아닌가. 사람도 편식하는 자
보다 아무거나 잘 먹는 이가 성격도 좋고 몸도 튼튼하다. 음식
까탈 부리는 사람 치고 성질머리 좋은 사람 없더라!

　"학이 곡곡 하니 황새도 곡곡 한다."는 말은 주견主見이 없
이 남이 하는 대로 따라하는 모양을 비유한 말이다. 오래 살기
를 기원하는 뜻으로 수를 놓거나 그림으로 그렸다는 십장생十長

生을 잘 알 것이다. 십장생은 장생불사長生不死한다는 해, 산, 물, 돌, 구름, 솔, 불로초, 거북, 학, 사슴의 열 가지를 말한다. 그런 데 두루미는 주로 땅에서 생활하고 나무에 좀처럼 앉지 않는다. 그러므로 자수나 그림의 학이라는 것은 진짜 학이 아니고 황새 이거나 백로白鷺이다. 이렇게 두루미와 황새를 구분하기가 어렵 다. 그리고 두루미가 좋게 1000년의 삶을 누린다지만 실제로는 40~50년을 살 뿐으로, 지금까지 검은목두루미가 86년을 산 것 이 최고 기록이다. 하긴 그게 어디 짧은 나이인가? 그야말로 세 월을 이길 장사 아예 없다. 어쨌거나 당신들께서 길이길이 이 땅에 머물러 주기를 바라는 바이다.

3) 노랑부리백로(*Egretta eulophotes*, chinese egret)

황새목 왜가리과의 새로 몸길이가 약 68센티미터 정도이 다. 온몸이 흰색이고 머리에 장식깃이 있으며, 부리가 노란색이 라 '노랑부리백로'라는 이름이 붙었다. 번식기에는 눈언저리가 푸른빛을 띠며 다리는 검정색이나 발가락은 노란색 또는 황록 색이다. 뒤꼭지에 다발 깃이 있으며, 번식 시기에는 수컷의 뒷 머리와 목 아래쪽, 어깨 등에 장식깃이 생기지만 비번식기에는 장식깃이 사라지고 부리는 누런 갈색, 눈언저리는 녹색, 다리는 녹색 또는 갈색으로 변한다. 너희 수컷들도 고생이 많다. 암컷에게 밉보이면 국물도 없는 것은 '네와 내' 가 다르지 않으니 말이다. 수컷들의 운명이요, 숙명인 것이니 감내할지어다. 부리는 위의 것이 약간 아래로 휘어져 있으며 날 때는 목을 구부리고 다리는 뒤로 쭉 뻗는다. 번식은 5월경에 인적이 드문 서해 무인도의 관목灌木, 떨기나무 숲에서 집단으로 하는데, 접시 모양의 집을 만들고 청록색 알을 3~5개 낳는다. 갯벌이나 하구 재개발로 서식지와 먹이를 잃어버려 개체 수가 급속히 줄어들었다. 한마디로 드문 여름 철새가 되고 말았다.

여름 철새라 하니 생각나는 게 있다. 겨울 철새는 북쪽에 주로 살면서 거기서 새끼를 낳고, 추위를 피하고 먹이를 얻기 위해 우리나라로 오는 것이 목적이라면, 여름 철새는 우리나라에 와서 새끼를 친다. 하지만 여름 철새는 우리나라가 그들의 본거지本據地이고 부득이 남쪽에 가서 추위를 피하고 올 뿐이다. 그러므로 그들을 막연히 객식구 '철새' 로 여겨서는 안 되고, 텃새와 다름없는 '우리 새' 라는 생각을 가져야 할 것이다.

노랑부리백로는 해안의 간석지, 갯벌, 논, 물고기를 키우는 연못 등지에 살면서 어류나 갑각류를 잡아먹는다. 한국에서는 천연기념물 제361호로 지정하였고, 아울러 국제자연보호연맹IUCN과 국제조류보호회의ICBP에 의해 적색 자료 목록 22호로 지정되어 보호받는 멸종 직전의 국제 보호조이기도 하다. 대부분의 노랑부리백로는 우리나라 서해안에서 번식하지만 일부는 동러시아, 북한, 일본, 중국에서도 새끼를 친다. 탐욕스런 인간들이 깃털을 얻기 위해 남획을 했을 뿐더러, 하구나 갯벌의 개발로 서식지나 먹잇감을 빼앗았고, 사진가들이 방해한 것이 개체 감소의 원인이라 한다. 역시 자업자득이다.

무위자연無爲自然이란 사람의 힘을 더하지 않은 그대로의 자연을 말한다. 이 새의 보호를 위해 남북한, 홍콩, 필리핀, 베트남 등의 나라에서 힘을 쏟고 있다. 소를 잃은 것은 돌이킬 수 없는 일이라 치더라도 외양간이라도 고쳐 새로 송아지를 사 넣어야 하지 않겠는가. 호들갑 떨며 이미 글렀다 여기지 말고 멍든 그들을 있는 힘을 다해 되살려 보자. '늦다 여길 때가 빠른 것'이라 하지 않던가. 세계에 고작 2600~3400마리가 남았다고 하며 월동은 필리핀, 타이, 말레이시아, 베트남 등지에서 한다.

4) 갈매기(*Larus canus*, common gull, mew gull)

가장 높이 나는 갈매기가 가장 멀리 본다! 리처드 바크 Richard Bach의 소설 『갈매기의 꿈』은 오로지 '더 높이, 더 멀리, 더 빠르게' 솟구쳐 날고자 하는 갈매기가 주인공이다. 무리 생활을 하는 도요목 갈매기과 조류로 몸길이는 43센티미터 정도이고, 배는 흰색이며, 등은 잿빛이다. 날개는 길고 끝이 검으며 흰 점이나 흰 테두리가 있다. 꽁지는 네모지거나 둥글고 흰색인데 때로는 검은 띠가 있다. 부리는 대형종의 경우 굵고 끝이 날카롭게 굽어 있으며, 색은 대개 노랗고 끝에 붉은 얼룩이 진다. 가늘고 긴 다리는 분홍색이고, 발가락 사이에는 물갈퀴가 있다. 겨울에는 머리 깃에 연한 얼룩이 생길 정도지만 여름에는 검어지는 종류도 있다.

민물과 짠물을 가리지 않고 먹을 것이 있으면 어디라도 넘보는 갈매기는 한강에서도 만날 수 있다. 괭이갈매기와 함께 무리 지어 어장이나 포구 주변에서 죽거나 버려진 물고기를 찾아 먹기도 한다. 그런 점에서는 부둣가의 청소부라 할 만하다. 그러나 어떤 곳에서는 갈매기가 너무 많아 문제를 일으키기도 하니 비행기와 부딪쳐 엔진에 빨려 드는 사고를 치는 것은 물론이고 오물로 건물이나 동상을 더럽히기도 한다. 결국 녀석들은 '절반은 옳고 절반은 그른' 셈이다.

집은 주로 수컷이 지으며 짝이 지어지면 암컷은 몸을 구부리고 수컷에게 먹이를 달라고 조른다. 수컷은 언제나 암컷을 위해 존재하는 것!? 5~6월 사이에 해안의 구릉지丘陵地 풀밭이나 섬 등에 나뭇가지, 마른 풀, 해초 등을 써서 접시 모양의 둥지를 틀고 2~3개의 알을 24시간 주기로 한 개씩 낳으며, 24~26일이 지나면 부화한다. 알은 연한 녹황색이나 녹색 바탕에 어두운 적갈색의 얼룩무늬가 있다. 어린 새는 보통 온몸에 연한 갈색의 잔무늬가 많고 아랫면이 거의 갈색인데, 늦은 4년째에야 등이 연한 잿빛으로 바뀌는 어엿한 성조(어른 새)에 이르며, 수명은 길게는 24년이나 된다고 한다. 그렇다. 늦게 '어른'이 되는 동물은 대개 수명이 긴 법이다. 사람도 그렇다. 굳이 말한다면 어른이 됐는데도 철부지 짓을 하는 이는 쉽게 짜부라지지 않고 오래 산다! 젊은이들아, 제발 어른 행세하려 들지 말라. 겉늙어 버린다. 늙는 것이 얼마나 서러운 것인가는 늙어 봐야 안다.

갈매기는 물고기를 잡기 위해 잠수하거나 물에 뜨는 것들을 주워 먹기도 한다. 물고기, 갑각류, 다른 새들의 알이나 새끼, 동물의 시체, 곤충류, 해초 따위를 먹는 잡식성으로 조개를 잡았을 적에는 딱딱한 바닥에 여러 차례 떨어뜨려 껍질을 깨서 먹기도 한다. 영리한 갈매기! 반면 한배의 어린 새끼나 약한 놈을 잡아먹는 동족 살생同族殺生, cannibalism도 서슴없는 잔인한 생물이다. 북아메리카, 캄차카 반도, 쿠릴 열도 등 아한대亞寒帶에서 한대 지역에 걸친 여러 곳에서 번식하며 겨울에는 한국, 중국 남부, 일본, 타이완 등의 연안으로 이동하여 월동한다. 겨울철에 전국의 해안이나 강, 하구, 호수 등에서 본다.

갈매기는 종류도 많고 많다. 갈매기 무리에는 재갈매기 Herring gull, 줄무늬노랑갈매기, 노랑발갈매기, 큰재갈매기, 흰갈매기, 고대갈매기, 붉은부리갈매기, 검은머리갈매기, 세가락갈매기, 제비갈매기, 쇠제비갈매기, 붉은부리큰제비갈매기, 괭이갈매기black-tailed gull 들이 있다. 괭이갈매기는 고양이 소리를 내기에 '괭이'가 붙었다. 이름에 '재'가 붙으면 '회색', '쇠'가 붙은 것은 '작다'는 뜻이다. 이 중에 괭이갈매기와 검은머리갈매기(갈매기류 중 가장 희귀한 종의 하나로 알려져 있으며, 생존 집단은 3000개체 정도로 추정)는 여름 철새이고, 쇠제비갈매기와 제비갈매기는 북에서 번식하고 남으로(베트남, 말레이시아, 인도네시아 등지) 가는 도중에 잠깐 머무는 나그네새이며, 나머지는 죄다 북에서 번식하고 겨울에 내려와서 월동하는 겨울 철새이다.

여담이지만 고기구이 집에 안창 고기라고도 부르는 '갈매기살'이라는 것이 있는데 이것은 돼지의 횡격막橫膈膜, 가로막과 간 사이에 있는 힘살로, 기름이 없고 부드러우면서도 쫄깃한 맛을 내기 때문에 맛있는 부위로 친다. 따라서 '갈매기살'은 바다 위를 나는 갈매기와는 아무런 관련이 없다.

사서 고생한다 하던가. 얼마 전에 집사람하고 울릉도에 갔다. 내친김에 울릉도를 한 바퀴 일주하는 배를 탔다. 무릎을 칠만한 예기치 못한 일이 일어났다. 어찌된 일인지 갈매기 떼가 배 뒷전, 사람 턱밑까지 졸졸 따라붙는 것이다. 우두커니 쳐다보다 그 모습에 걷잡을 수 없이 들떠 버린 우리 옆의 사람들은 뭔가를 알고 있었다. 나대는 것이, 갈매기도 사람들의 마음을 꿰뚫고 있었다. 뱃전에서 과자를 던진다. 저런! 귀신같이 다투어 방향을 틀면서 덥석덥석 낚아채는 갈매기들! 흥겨운 한마당, 서커스가 따로 없다. 그런데 뭔가 개운치 않다. 식자우환識字憂患, 아는 것이 병이라 했지. 불쑥불쑥 받아먹는 과자에 길들여진 저 갈매기들은 비대증으로 큰 고생을 할 터인데…. 어쩌다가 저 꼴이 되었담. 혹여 자연의 섭리를 거스른 저것들이 제짝을 찾아서 새끼치기나 할까? 배부른 고민일까?

갈매기 바다 위에 날지 말아라

연분홍 저고리에 눈물 젖는데

저 멀리 수평선에 쌍돛대 하나 아—아 가신 님은 아니 오시네

이난영 씨가 불렀던 '해조곡海鳥曲'을 훨훨 나는 갈매기 날개짓 박자에 맞춰 한 곡조 빼고 싶어라.

5) 마도요(*Numenius arquata*, eurasian curlew)

도요목 도요과의 조류로 군서성群棲性, 무리 생활이다. 몸길이 60센티미터, 날개 길이 1미터의 대형 조류로 갯벌에 주로 산다. 길고 활처럼 아래로 굽은 부리는 13~16센티미터이며, 긴 다리

로 걸어 다니는 섭수류涉禽類이다. 몸의 윗면은 누런 갈색 바탕에 검은 갈색 무늬가 있고, 아래 등과 허리, 위 꽁지깃은 흰색이다. 아랫면은 흰색이고 목과 가슴에 검은 갈색의 작은 얼룩이 있다. 겉으로 보아 암수 구별이 쉽지 않으나 암컷의 부리가 더 길고 몸집이 조금 더 크다. 긴 부리를 갯벌에 깊게 박아 전광석화電光石火처럼 머뭇거림 없이 되우 빠르게 게, 새우, 조개, 갯지렁이 등 무척추동물을 쪼아서 잡아먹으며, 게는 다리를 모두 떼어 내고 몸통 부분만 먹는다.

한국에서는 이동 시기인 봄과 가을에 전국에서 볼 수 있는 흔한 나그네새로, 일부는 남부 지방에서 겨울을 나기도 한다. 5월 하순경 툰드라 지대의 땅 위에 접시 모양 둥지를 만들고 알자리에는 마른 풀을 깐다. 알은 보통 4개를 낳는데, 흐린 녹색이거나 녹회색 바탕에 갈색 반점 무늬가 있다. 알을 품는 기간은 28~30일 안팎이며 착하게도 암수가 눈이 짓무르도록 애써 교대로 품는다. "삐요-, 삐요-, 삐삐삐삐삐" 하는 울음소리를 내니, 서양 사람들은 그 소리를 'curloo-oo'라 들어서 'Curlew'라는 이름이 붙었다고 한다. 녀석들은 매사 상당히 미심쩍어하는 겁쟁이고, 꽤나 개체 수가 많은 편이라 아직 위기종 목록에 올라 있지 않으나, 점점 그 수가 줄어만 간다고 한다. 시베리아 동부나 몽골, 아무르 지역에서 번식하고 온대 지방인 한국, 일본 남부, 중국 남부, 타이완, 필리핀 등지에서 겨울을 난다.

알락꼬리마도요*Numenius madagascariensis*, eastern curlew는 물떼새류 중 가장 큰 종으로 아래로 굽은 긴 부리가 특징적이며, 전 세계에 2만 1천 개체가 생존하고 있는 보호종이다. 많을 때는 강화도에 2000개체 이상이 들렀다 간다는데, 이는 전 세계 생존 집단의 9.5퍼센트이다. 월동하는 곳은 호주의 해안 지역으로, 매년 월동지까지 6000~8000킬로미터라는 만만찮은 거리를 마다하지 않고 웅비雄飛하여 이동한다.

6) 흰물떼새(*Charadrius alexandrinus*, kentish plover, snowy plover)

도요목 물떼새과의 조류로 몸길이는 약 17.5센티미터 정도이며 긴 다리로 걸어 다니면서 먹이를 잡는다. 흔한 철새이지만 남부 지방에서 월동하는 수도 있다. 수컷의 여름 깃은 머리 꼭대기가 밝은 갈색이며, 머리와 등은 진한 회갈색이다. 배의 아랫면은 흰색이고 부리 기부基部에서 위로 이어지는 검은 눈선 black eye band이 있으며, 이마와 이어지는 눈썹선은 회색이다. 다리는 진한 회색이고 부리는 검다. 먹이를 잡을 때는 빠르게 달려가다가 주춤 멈춰 쪼는 동작을 줄곧 반복한다. 포식자인 고양이, 여우, 스컹크, 너구리 등 버거운 상대가 둥지나 새끼에 가까이 나타나면 더럭 겁먹은 어미 새들은 적을 먼 곳으로 유인할 요량으로 쪼르르 멀리 도망을 치면서 넌지시 힘을 빼고 꼬리를 땅바닥에 축 늘어뜨리거나 날개를 다치기나 한 것처럼 날지 못하고 퍼덕퍼덕 치며 속임수 작전을 구사한다. 되지도 않은 이놈들아, 나를 잡아먹어라! 내 새끼는 손도 대지 말라! 살신성인殺身成仁이 따로 없다. 어미는 죽어도 좋다. 자식을 위해 아픈 척, 죽은 척하는 물떼새!!!

주로 바닷가 모래땅, 하구 삼각주三角洲, 하천 부지와 염전, 간척지, 산, 논, 진흙밭 등 풀이 우거지지 않은 곳에서 무리지어 다른 물떼새와 섞여 지낸다. 3~6월 사이에 강 주변 모래나 자갈밭에 죽을힘을 다해 수컷이 바닥을 오목하게 파서 둥지를 만들고 알자리에는 마른 풀, 작은 나뭇가지, 조개껍데기 등을 깐다. 장사에는 목이 절반이라 하듯이 이때도 자리가 좋아야 한다. 수컷이 집 근방에서 목을 우뚝 치켜세우고 암컷을 부른다. 수컷이 둥지에 들어가 배를 문지르고 있으면 암컷이 달려와 자리를 대신 차지한다. 수컷이 그런 암컷 옆에서 머리를 몇 번 땅바닥에 끄떡거리고 있으면 암컷이 둥지에서 달려 나와 저만치 가서 몸을 납작 엎드린다. 수컷은 그 행동이 무엇인지를 알아차리고 뒤편으로 가까이 가 등에 올라서 부리로 암컷의 목 뒤를 꽉 물고 두 다리로 몸의 무게 중심을 잡은 다음, 두 마리가 꼬리를 서로 재빠르게 맞대면서 교미를 한다. 알은 3~4개 낳고 22~25일 정도 알을 품으며, 암수가 같이 돌아가면서 품는다. 부화하기 3~4일 전에 알 속 병아리가 껍질을 부리로 콕콕 치는 소리가 들리고 1~2일 전에는 삐악삐악 우는 소리도 들린다. 탄생 직전의 동정이다! 줄탁동기啐啄同機라, 병아리가 알에서 나오기 위해서는 새끼와 어미가 안팎에서 알껍데기를 서로 쪼아야 한다. 밤과 낮을 가리지 않고 아무 때나 부화하고, 부화한 다음에는 빨리 숙성한다. 먹이 다툼, 영역 싸움이 빈번하며 특히 수컷의 공격성이 두드러진다.

곤충류와 거미류, 갑각류인 옆새우 등 동물성 먹이를 즐겨 먹는다. 낙동강 하구의 모래땅에서는 2000~3000마리로 이루어진 큰 무리를 볼 수 있으며, 봄철에는 경기도 김포 해안의 모래땅 풀밭에서도 흔히 200~300마리의 무리를 볼 수 있는 나그네새이다. 중국이나 일본 일부에서는 드물게나마 텃새로 생활하기도 하고, 일처다부一妻多夫인 경우도 있다고 한다. 러시아, 중국 동북부, 아무르, 일본 등지에서 번식하고 겨울엔 한국 남부, 일본 남부, 중국 남부, 동남아시아로 떼 지어 이동하여 월동한다.

염생 식물

    염생 식물鹽生植物, halophyte이란 소금기가 많은 땅에서 팍팍하고 힘겨운 삶을(이는 단지 필자의 생각일 뿐, 이들 식물은 여기가 더 없이 좋아 사는 것일 터!) 억척스럽게, 아주 억척스럽게 살아가는 식물을 통틀어 말한다. 'halophyte'의 'halo'는 소금, 'phyte'는 식물이라는 뜻이다. 퉁퉁마디, 해홍나물, 나문재 등과 같은 식물을 말하며, 일반적으로 줄기와 잎이 수분(액즙)을 많이 가지고 있는 육질肉質인 것이 대부분이다. 거의 모든 염생 식물은 풀과 같은 초본草本이지만 열대 지방이나 아열대 지방의 강 하구, 기수 지역 물가에는 초본들과 맞먹는 내염성耐鹽性, 소금에 잘 견딤인 맹그로브mangrove 같은 목본木本 식물이 숲을 이루어 살기도 한다. 식물이 생육하고 있는 지대에 따라서 건乾염생 식물과 습濕염생 식물로 구분하지만, 모두 세포 안에 소금 성분이 많이 들어 있어 세포액의 농도(삼투압)가 높은 것이 특징이다. 식물은 도망도 못 가고 자기가 처한 환경을 어떻게든 견뎌 이겨 내야한다. 피할 수 없으면 즐기라고 했지! 웬만한 어려움 속에서도움쩍 않는 식물들은 동물보다 훨씬 생존력이 강한 지독한 창조물이라 하겠다.

거친 소금밭에 사는 식물은 세계 모든 식물의 약 2퍼센트를 차지하며, 세계적으로 약 2600종 정도이다. 우리나라에서자라는 염생 식물은 총 16개 과, 40여 종이 보고되었으며, 특히남서해안 갯벌에 군락群落이 잘 발달되어 있다. 주기적으로 해수의 영향을 받으면서 식생植生, 어떤 일정한 장소에서 모여 사는 특유한 식물의 집단이 형성된 곳을 해안염 습지海岸鹽濕地라고 하는데, 이곳은우리가 흔히 말하는 갯벌 중에서 육지와 가까운 위쪽이다. 갯벌에 사는 식물들은 밀물과 썰물에 초주검되어 아등바등 견뎌야하는데 밀물 때에는 물에 잠기기에 공기가 모자라고, 썰물 때에는 소금기를 이겨 내야 한다. 그럼에도 갯벌이나 해안에 의외로많은 식물들이 독특한 형태로 끈질기게 무리를 지어 잘도 자라고 있으니 참 기특한 일이다. 여담餘談이지만 갯벌에서 보면 밀물은 아주 거칠고 세찬 울림이 있는 반면 썰물은 어느새 귀신도모르게 일사천리一瀉千里로 쉬엄쉬엄 빠져 버리고 만다. 탄생이밀물이라면 죽음은 썰물이다. 죽음을 쥐 죽은 듯, 잠자듯 맞이할 수는 없을까?

바닷물 1리터에 소금은 약 35그램 들어 있으며, 보리麥 같은 보통 식물은 1~3g/ℓ 농도의 이쪽저쪽까지 견뎌 낸다. 염생 식물 중에는 비가 한바탕 늘씬하게 내리는 틈을 타서 재빨리 발아하여 벼락같이 자라고, 다짜고짜 꽃 피우고 열매 맺어 번갯불에 콩 구워 먹는 식의 한살이를 끝내는 것들이 꽤 많다고 한다. '빛의 속도로 변하는' 이들은 염분을 '견디는 것' 이 아니라 염분을 '피하는 것' 이라 하겠다. 그런가 하면 염생 식물들은 보통 육지에 사는 식물인 중생 식물中生植物과 별반 다르지 않게 세포질細胞質 속에 '정상적인 내부 염분 농도normal internal salt concentration' 를 유지한다고 하니 그 점이 대경실색大驚失色할 노릇이다. 갯벌에 사는 식물 세포의 염분 농도가 펄의 소금 농도보다 훨씬 덜하다고 하니 어찌 깜짝 놀라 질리지 않을 수 있겠는가.

　　식물이 염분 때문에 혼쭐나는 어려움을 '소금 스트레스'라 하는데, 첫째로 흙에 들어 있는 소금 중의 나트륨이온은 토양의 다공성多孔性을 감소시켜 공기 유통과 수분 전도를 억제하고, 둘째로 고농도의 염분은 흙의 수분을 줄여서 물과 양분 섭취를 방해하며, 셋째로 염분이 효소나 물질대사를 간섭하여 생장을 못하게 하고 광합성에까지 지장을 준다고 한다. 그러나 아직도 명명백백明明白白하게 그 기전이 아직 밝혀지지 않았다고 한다. 추억 서린 엉뚱한 이야기지만, 추석이 다가오거나 귀한 손님이 오는 날에는 마당 둘레에 난 키 작은 풀을 말끔히 뽑아야 했다. 사람 사는 집 마당에 잡초가 널려 있어서야 되겠는가. 그런데 잡초 캐기가 힘들 때가 있다. 그럴 때는 통소금을 사방에 조금씩 뿌리면 바랭이, 비름, 독사풀이 죽고 말았다.

그렇다면 어떻게 염생 식물들은 염분의 농도를 보통 식물과 엇비슷하게 유지하고 조절할까? 첫째로 맹그로브 같은 식물은 뿌리에 염분이 통과하는 것을 차단하는 초여과 장치가 있어서 너무 많은 소금이 식물에 드는 것을 막는다. 여의치 않으면 과하게 들어온 소금을 되레 뿌리에서 밖으로 내보낸다고 하니 이는 그냥 되는 것이 아니고 많은 에너지ATP가 든다. 둘째, 보통 염생 식물은 세포에 들어온 염분을 잎을 통해 밖으로 분비하거나, 잎에 염분을 모았다가 그 잎이 죽어 함께 염분을 없앤다. 또 소금을 뿌리로 흡수하지만 잎에 있는 특수한 조직인 소금샘을 통해 많은 양의 소금을 배출하고, 배출된 소금은 이파리에서 소금 결정을 만들어서 더 이상 식물에 해롭지 않게 한다. 다시 말하면 염생 식물은 잎 표면에 소금을 담는 작은 주머니인 염포鹽胞가 있어서 수분 증발과 함께 소금을 분비하니 잎의 겉에 소금 결정이 묻어 있는 것이 맨눈으로도 보인다. 셋째, 한편 소금을 두고두고 세포에 저장하는 식물은 그 소금을 대사 기능이 활발한 세포질에 가지고 있는 것이 아니라 다른 노폐물을 저장하는 액포液胞의 세포액에 넣어 둔다는 것이다. 그리하여 세포질에 들어 있는 효소나 엽록체가 상해를 입지 않을 수 있다. 대단한 기술이요, 작전이다. 신기하게도 염생 식물을 보통 땅에다 심어도 아무 탈 없이 잘 자란다고 한다. 넷째, 물이 부족한 곳에 사는 사막 식물들이 대체로 물을 많이 저장하기 위해 다육성多肉性이듯이, 염생 식물도 물을 듬뿍 품어서 염분의 농도를 어느 정도 옅게 희석한다.

　지금까지 이야기한 이런 관다발 식물 말고도 조류나 세균, 효모 들도 염분의 농도를 조절한다고 한다. 어쨌거나 식물에 따라 염분 스트레스를 이겨 가는 방법이 다 다르니 그 또한 조상에 물려받은 유전 인자 탓이다. 그런가 하면 식물체가 통째로 마냥 바닷물 속에서 살고 있는 미역, 다시마 등의 해초 들이 있지 않는가!? 생각만 해도 가슴이 먹먹해 오는 바싹 마른 뜨거운 사막이나 눈부시게 푸른 얼음이 꽝꽝 얼어 있는 극지極地에도 숱한 식물들이 고만고만 살고 있고…. 천태만상이라는 말이 새삼 떠오른다.

　어떤 식물은 유전적으로 생육生育에 염분이 꼭 필요한 경우도 있다는데, 아무튼 버거운 고염도에서도 견뎌 버티고 살 수 있는 원리가 아직도 덜 알려져서 더 깊이 연구해야 할 것이라 한다. 하기야 어느 과학의 분야가 어디 명약관화明若觀火하게 밝혀진 것이 있던가. 근래 와서 아주 척박하거나 소금기가 있는 땅에서도 잘 사는 퉁퉁마디속 식물인 '살리코니아 비겔로비Salicornia bigelovii'라는 염생 식물이 '제3세대' 식물로 각광받고 있으니 생물 연료'로 쓸 수 있어서 그렇다.

여기에서 대표적인 염생 식물 몇 종을 만나 보자.

1) 퉁퉁마디(*Salicornia herbacea*, slander glasswort)

종자식물문 쌍떡잎식물강 석죽목 명아주과Chenopodiaceae의 한해살이풀로 바닷가 갯벌에서 자란다. 키가 10~30센티미터로 줄기는 육질로 퉁퉁하고 원기둥 모양이며, 가지들은 서로 마주나기對生하고 마디마다 조금씩 튀어나온다. 이러한 특성 때문에 퉁퉁마디라는 이름이 붙었다. 이 지구에서 갖은 신산辛酸을 다 겪으면서 안 죽고 연년세세 힘들게 살아온 가장 오래된 식물 중 하나이다.

8~9월 즈음에 녹색 꽃이 가지의 위쪽 마디 사이에 3개씩 달린다. 꽃에는 1~2개의 수술과 1개의 암술이 있으며, 씨방은 달걀 모양이고, 암술대는 2개가 길게 나온다. 열매는 포과胞果, 맨드라미처럼 막질인 과일 껍데기 속에 종자가 듦로서 둥글납작한 달걀 모양이고 10월경에 익으며 난형의 작고 검은 씨는 땅에 떨어지거나 바람에 날리기도 한다. 봄여름엔 포기 전체가 녹색이지만 가을

에는 붉디붉은 자주색으로 변해서 갯벌 전체가 시뻘겋게 물든다. 인천공항 가는 길, 영종도 연육교를 지나면서 차창에 비치는 양쪽 갯벌에 눈이 자꾸 가는 것이 있으니, 이 개펄 식물이 퉁퉁마디이다. 차만 타면 졸거나 자는 사람도 그렇지만 무르팍 위의 작은 기계에만 눈이 가는 젊은이를 볼 때면 어쩐지 안쓰러워 보인다. 마음을 활짝 열고 창밖을 내다보면 새삼스럽게 바깥세상이 나에게로 다가오지 않는가?

이 식물은 염분과 함께 바다의 모든 미량 원소微量元素를 다 가지고 있어 맛이 짤 뿐더러 즙은 끈적끈적하다. 퉁퉁마디가 갖고 있는 소금은 바다의 불순물을 뿌리가 모두 여과하였기에 가장 고품질의 소금이라 해도 손색이 없으며, 바다 무기 염류를 많이 가지고 있어서 칼슘은 우유의 7배, 철분은 해초의 40배, 칼륨은 바다의 큰 굴보다 3배나 많이 가지고 있다고 한다. 4월에서 9월 말까지 먹을 수 있어서 잎줄기에서 농밀한 '퉁퉁마디 간장'을 얻을 수 있는데, 색도 예쁘지만 맛도 좋다고 한다. 여름과 가을에 잎줄기를 잘 씻은 다음 버무리고 치대서 주스를 만들며, 즙은 매우 짜서 잘 상하지 않지만 오래 묵혀 두려면 진득하게 끓여 두는 것이 좋다. 목마를 때 마시면 갈증이 가시고, 가을의 것은 액즙이 붉은 잉크같이 예쁘다고 한다. 그것을 말려서 수프를 끓이거나 간을 맞추는 데 쓸 수도 있다. 내가 사는 춘천의 어느 중국집에 갔다가 "면에다 함초를 넣는다."고 넌지시 자랑을 하는 것을 봤다. 척박한 땅의 포도로 빚은 와인이 맛나고, 높은 산 응달진 곳의 나무로 훌륭한 악기를 만든다고 하듯 짠 개펄에서 꿋꿋이 자란 풀이 몸에 좋다는 말인가? 그럴듯하다! 거참, 염생 식물을 이렇게도 저렇게도 해서 먹는다니!? 이래저래 여태 맛을 본 적이 없으니 이렇다 저렇다는 말을 섣불리 못해 괜스레 미안한 마음이 든다. 그래서 필요 없는 경험은 없는 것이라고 한다.

'함초'가 남우세스럽지만 변비와 숙변 제거에 좋다 하고 당뇨병에 효능이 있는 것으로 새삼스럽게 알려져 이제 유명세를 누리고 있으니 그것이 바로 '퉁퉁마디'다. 함초의 '함'은 '소금기, 짠맛'이라 하니 '함초'는 '소금풀'로 풀이할 수 있다. 유행은 말없이 널리 번지는 것이라 함초 가루나 환丸, 함초 소금, 함초 막걸리 등을 만들어 먹는다고 한다. 함초는 일본에서는 천연기념물로 지정하여 보호하고 있고, 프랑스에서는 아주 귀한 요리 재료로 대접받으며, 중국에서는 염초鹽草, 신초神草 또는 복초福草라 하여 그 희귀성과 효능을 높이 산다고 한다. 다른 식물도 계절마다 색다른 특징을 보이듯이, 봄철 함초는 짠맛이 부드러우며 여름철 함초는 약간 쓴맛이 나고, 반면 가을철 함초는 약간 매운맛이 나는 등 철마다 그 맛이나 짜기에 차이가 난다고 한다.

우리나라에는 서해안과 울릉도에 주로 나며 일본, 중국, 인도, 북아메리카 등 아주 깨끗한 해안에서 자란다.

2) 해홍나물 (*Suaeda maritima*)

해홍나물은 쌍떡잎식물 명아주과의 염생 식물로 바닷가 모래땅에 옹기종기 모여 산다. 줄기는 곧추서며 키 높이는 30~50센티미터에 달하고 가지치기를 많이 한다. 잎은 다육질이고 자생하는 환경에 따라 많이 달라진다. 잎 끝이 뾰족하고 작으며 너비가 1~2밀리미터로 뭉쳐 나고 가을에는 붉은색을 띤다. 1~2밀리미터 크기의 녹황색 꽃이 다닥다닥 달리며 양성화兩性花로 자가 수분을 하고 7~8월에 피는데, 꽃대가 없으며 꽃받침 조각은 5개로 쪼개진다. 수술은 5개, 암술은 1개이고 암술대는 2개이다. 열매는 원반형으로 검은 바둑돌 꼴의 작은 종자가 1개씩 들어 있다. 제 살 곳을 모를 리 없어 언제나 물이 잘 빠지는 모래흙, 햇빛이 잘 드는 곳을 좋아하며 그늘에서는 잘 자라지 못한다. 어린순은 식용하니 나물로 먹으며 짭짤한 것이 샐러드에 조금씩 넣어 먹어도 좋다 한다. 어린 줄기는 식초에 담가 우려서 피클을 만들어 먹기도 한다. 태운 재는 유리를 만들거나 비누를 만드는 데 쓴다. 우리나라 중부 이남의 바닷가에서 자라는 1년생 초본으로 세계적으로 분포한다.

3) 나문재(*Suaeda asparagoides*)

명아주과의 한해살이풀로 이 또한 바닷가의 모래땅에서 잘 자라며 줄기는 원기둥 모양으로 곧추서고 가늘고 긴 가지를 친다. 높이가 60센티미터 정도이고 여름철엔 회백색을 띤 녹색이지만 가을에 밑부분부터 붉은색으로 변한다. 잎은 옹기종기 붙어 어긋나고 잎자루가 없다. 꽃은 양성화로 풍매화風媒花이며, 7～9월에 녹황색으로 피고 잎겨드랑이에 1～2개가 달린다. 꽃받침은 깊게 5개로 갈라지고 갈라진 조각은 긴 달걀 모양이다. 수술은 5개이며 꽃받침보다 길고, 꽃밥은 황색이다. 씨방子房은 둥근 달걀 모양이며 끝에 2개의 암술대花柱가 있다. 열매는 포과로 꽃받침에 둘러싸이고 둥근 모양이거나 편평하며, 지름이 2～3밀리미터이다. 그 속에 검은 바둑알 같은 종자가 1개씩 들어 있는데, 종자는 공업용으로 쓴다. 역시 햇살이 강한 곳에서 잘 자라며 중국에서는 채소로 심는다고 하고 어린잎은 먹을 수 있다. 우리나라에서는 민간요법의 하나로 소화제로 썼다고 한다. 거치적거리고 천덕꾸러기로만 여겨졌던 바다풀이 이렇게 요긴하게 쓰이는 것은 미처 몰랐다. 새삼스럽게 알았다는 말이 딱 맞다. 한국, 일본, 중국 등지에 분포한다.

4) 칠면초(七面草, *Suaeda japonica*)

칠면초는 태어나서 죽을 때까지 일곱 번 정도 그 색을 달리한다고 한다. 처음에는 녹색이지만 점점 붉어지다가 나중에는 자주색으로 변한다. 그래서 어릴 때는 나문재와 구분하기가 어렵다 한다. 금상첨화라더니만, 어린순은 나물 해 먹고 좀 더 자라면 통째로 해열제로 쓴다고 한다. 순천만의 S라인 물결, 갈대밭과 어우러진 붉은 칠면초밭이 인상적이었다. 그래서 '일곱 얼굴을 가진 풀'이 되었나 보다!

쌍떡잎식물 명아주과의 한해살이풀이며 바닷가 갯벌에서 무리 지어 난다. 줄기는 곧고 높이가 30센티미터이며 윗부분에서 가지가 분지分枝하고 털이 없다. 잎은 어긋나기互生이고 곤봉 모양의 육질이며 끝이 둔하다. 괴이하게도 바닷물에 완전히 잠겨도 산다고 하니 반은 바다 식물, 반은 육지 식물이라 하겠다. 꽃은 역시 양성화로 풍매화이다. 8~9월에 피며 잎겨드랑이에 수꽃과 암꽃이 모여 2~10개씩 달리고, 처음에는 꽃 색깔이 녹색이지만 점차 자주색으로 변한다. 종자는 1개이고 지름 1.5~2밀리미터의 렌즈 모양이다. 어린순을 나물로 먹으며 한방에서는 뿌리를 제외한 식물 전체를 약재로 쓰는데 특히 해열 효과가 있다고 한다. 병이 있는 곳에 반드시 해결사 약이 있다 하더니만…. 한국, 일본 등 동아시아에 분포한다.

5) 수송나물(*Salsola komarovi*)

명아주과의 한해살이풀로 '가시솔나물'이라고도 하는데, 바닷가 축축한 모래땅에서 무리 지어 자란다. 산성, 알칼리성, 중성 땅 어디에도 다 잘 살지만 특히 알칼리성 토양을 좋아한다 하고 햇볕이 잘 드는 곳에서만 잘 자란다. 30~40센티미터까지 자라며 잎은 어긋나고 줄기와 함께 다육질이다. 어린 잎은 부드럽고 연하지만 자라면 굳어져서 잎 끝에 앙칼지고 우악스런 가시가 돋쳐 살에 닿으면 아파서 소스라치게 놀란다. 꽃은 양성화이고 7~8월에 녹색으로 피며 잎겨드랑이에 1개씩 달린다. 꽃받침 조각과 수술은 5개씩이고 꽃잎은 없다. 꽃가루를 만드는 꽃밥은 검은색이고 암술은 1개이다. 열매는 포과로서 9월에 익으며 종자가 1개씩 들어 있다. 어린순을 나물로 먹는다. 영양이 풍부하고 온갖 염증과 비만증, 고혈압, 황달에 영험靈驗이 있다고 하니 가위 만병통치약이라 하겠다. 그러나 서양 사람들은 그 부작용에 대해 경고한다. 사람 몸에 좋다는 것치고 다그쳐 뭇매 맞지 않고 들쑤셔 거덜 나지 않는 것이 없는데…. 그만 끝장을 봐야 직성이 풀리는 우리가 아닌가? 한국, 일본, 중국, 시베리아 등지에 분포한다.

6) 갯능쟁이(*Atriplex subcordata*)

역시 쌍떡잎식물 명아주과 한해살이풀로 바닷가에서 자라고 어린잎과 줄기, 씨앗을 한꺼번에 다 먹을 수 있다. 척박한 땅에 잘 살며 비료를 많이 주고 키우면 식물 조직에 질산염nitrates이 쌓여 되레 건강에 해롭다고 한다. 전체에 털이 없고 줄기는 곧게 서며 가지가 비스듬히 옆으로 퍼진다. 높이는 40~60센티미터이며, 잎은 어긋나고 달걀 모양이거나 삼각형 또는 바소꼴피침형, 가늘고 길며 끝이 뾰족하고 중간쯤부터 아래쪽이 약간 볼록한 모양로 가장자리에 불규칙하고 까칠까칠한 톱니鋸齒가 나며, 윗면은 녹색이고 뒷면은 흰빛이 돈다. 꽃은 단성화單性花로 암꽃과 수꽃이 따로 피며 풍매화이다. 모든 염생 식물이 풍매화인데 꽃에 꿀이 없어 곤충들이 가까이 가지 않는 것이 특징이며, 꽃가루는 송화松花처럼 아주 가볍다. 꽃은 7~8월에 피고, 연한 녹색이며, 역시 다른 염생 식물처럼 볕이 쨍쨍 잘 드는 곳에 자란다. 열매는 포과로서 1개가 암꽃의 포苞 속에 들어 있으며, 갈색이고 지름 3~4밀리미터의 둥근 쟁반 모양이다. 한국, 일본, 중국의 해안 전역에 산다.

여기까지의 식물은 모두 명아주과의 한해살이풀이었다. 염생 식물은 명아주과의 것이 많다는 뜻이다!

7) 갯길경(*Limonium tetragonum*)

쌍떡잎식물 초롱꽃목 갯길경과의 낙엽성인 두해살이풀로 '시련과 역경'의 바닷가에서 꿋꿋이 자라며, 뿌리가 굵고 곧다. 잎은 뿌리에서 뭉쳐나는데 그 모양이 장미꽃을 닮은 로제트 rosette형으로 사방에 퍼지며, 줄기는 딱딱한 편이다. 꽃은 늦은 여름에 피며 깔때기 모양에 노란색을 띠고, 열매는 길이 2.5밀리미터 정도로 방추형이다. 뿌리를 생으로 먹을 수 있으나 왠지 역겨운 머리카락 타는 냄새가 난다고 한다. 입에 풀칠도 못 해 초근목피草根木皮로 연명하며 굶주림에 허덕이던 궁핍한 시절 갯마을 사람들에게는 기껏 이것들이 구황 식품救荒食品이었다. 산골에 살았던 나는 진절머리 나게도 소나무 껍질 송기松肌나 찔레순, 삘기의 애꽃순, 잔디 뿌리 들을 먹고 살았는데…. 젊은 독자들은 어리둥절하여 '한참 모르는 소리'로 들리겠지? 알량한 자존심을 버리고 쏟아 버린 말로, 그러나 우린 그랬다. 한국, 일본, 중국 등지에 분포한다.

8) 맹그로브(mangrove)

맹그로브는 열대와 아열대의 조간대 바닷가나 갯벌, 하구에서 자라는 목본 염생 식물로 줄기와 뿌리에서 많은 호흡근呼吸根이 생겨서 꾸러미 지어 서로 옭아매고 뒤엉켜 있다. 레드맹그로브red mangrove 무리의 씨앗은 가벼워서 넘실대는 바닷물에 둥둥 떠서 멀리멀리 서슴없이 퍼져 나가 드디어 얼씨구나 좋다, 하고 진흙에 살포시 내려앉자마자 곧 싹을 틔우지만 엇갈리는 운명, 싹수가 노란 어떤 녀석들은 속수무책束手無策으로 어미 나무에 붙은 채 발아하여 거기서 광합성을 하면서 얼마만큼 자란 다음 떨어져 물 따라 흘러가니 이런 것을 '태생胎生'이라 한다. 그러므로 맹그로브는 전형적인 '태생 식물'인 것이다. 여기저기를 우왕좌왕右往左往, 일진일퇴一進一退해 보지만 뿌리 내릴 적당한 장소에 이르지 못하면 그런 상태로 1년 내내 견뎌 낸다고 한다. 에둘러 말하면 당차고 독한 녀석들이다! 세계적으로 4과 11속 110여 종에 이르며 바닷가 말고도 바닷물과 민물이 섞이는 기수에서 자라는 것도 있다. 이른바 세포액의 삼투압이 크면 클수록 짠물 쪽에 널리 자생한다.

사실 필자도 책을 통해서는 수없이 다루었던 이 나무를 몇 년 전 오키나와에 갔을 적에 처음 만났다. 안내원이 저것이 맹그로브라는 나무라고 했을 때, '첫 아이를 대하는 산모의 마음'이랄까, 그 말에 홀려 호들갑 떨듯 헐레벌떡 자리에서 일어나 숲을 둘러보면서 앗, 그렇구나! 하고 이내 감동의, 아니 설렘의 신음을 내뱉은 기억이 아스라이 떠오른다. 뜨거운 반응이라는 것이 바로 이런 것이리라! 백문불여일견百聞不如一見이라는 말이 실감

나는 순간이었다! 잎은 싱그러운 것이 햇빛에 반짝거리지만 밑
둥치는 진흙투성이로 바닷가 여기저기에 숲을 이루고 있었다.
다가가 이파리도 따서 씹어 보고, 저지레를 좀 하고 와야 하는데
얼떨결에 흘깃 스치듯 지나고 보니 후회막심後悔莫甚이다.

　　이들 맹그로브의 뿌리에는 따개비, 해면, 굴 들이 많이 달
라붙으며 물의 흐름을 느리게 하여 근방에 많은 퇴적물이 쌓이
게 된다. 그 퇴적한 진흙에는 새우나 진흙가재mud crab 들이 머물
러 살고, 맹그로브게mangrove crabs 무리는 이 식물의 잎을 갉아
먹고 산다. 더구나 나무들이 빼곡하게 밀림을 이루어 해안이 침
식되는 것을 막아 주므로 그런 점에서도 보호 구역으로 지정받
는 일이 많다. 한마디로 해안 생태계에 아주 중요한 몫을 하며,
어류나 갑각류 등의 먹이 사슬에도 썩 중요한 식물이다. 여태껏
더할 나위 없이 애지중지, 보호에 애를 썼는데도 어느덧 이들
나무까지도 칼질을 당해 아쉽게도 세계적으로 거의 절반은 거
덜나고 말았다고 한다.

　　이들은 염분 대사를 특이하게 일구어 내는 탓에 바닷물에
살 수 있다. 어떤 무리(그레이맹그로브)는 잎 뒷면에 육안으로도 잘
보일 만큼 크고 많은 소금 결정을 토해 놓는 것이 있는가 하면
어떤 것(레드맹그로브)은 뿌리에 특수 초여과 장치가 있어서 소금
이 식물체로 들어가는 것을 90~97퍼센트 차단한다. 들어온 염

분을 늙은 잎에 저장하여 적당한 시기에 떨어뜨려 버린다거나 종에 따라서는 세포 내 액포에 집어넣어 버리는 것, 잎 아래에 소금샘이 있어 직접 소금을 잎 밖으로 분비하는 것도 있다.

소금 탓에 물(민물)이 귀하기에 잎의 기공氣孔 개폐를 조절하거나 뜨거운 햇살을 피하기 위해 이내 잎의 방향을 튼다던지 하여 물의 증산蒸散을 줄인다. 뿌리는 물에 잠겨 있어서 늘상 산소가 부족한 상태라 할 수 없이 공중에 드러나 사방 얽혀 있는 허접스런 호흡 뿌리(공기 뿌리)를 통해 공기를 녹일 수밖에 없다. 다 살게 되어 있다지만 능력이 출중한 맹그로브 너 또한 고생이 많다!

9) '빨갛게 멍이 든' 동백꽃

갯벌의 저 끝 가장자리에 한겨울 동백冬柏이 꽃망울을 터뜨리기 시작한다. 동백 없는 갯벌은 운치가 한풀 꺾이고 만다. '죽어 메마른' 겨울 바다 채집을 하다가도 '살아 생기 넘치는' 빨간 동백꽃이 있어 힘이 불쑥 솟는다. 아무 탈 없이 보이는 저 동백나무도 강한 태풍이 부는 날에는 소금물을 뒤집어쓰기도 하지만 용케도 살아남았다. 내륙에 자리를 잡은 놈은 짠물 걱정은 없으렷다. 동백꽃을 놓고 조촐함이 매화梅花보다 낫다고 극찬하는 사람도 있다. 지금도 출렁이는 바닷소리에, 와 보는 이 없어도 고결하게 '빨갛게 멍든 꽃'을 달고 서 있을 네가 그립다. 가끔은 해풍에 흩날린 짠물을 뒤집어쓰며 벌벌 떨고 있겠지. 겨울 채집에서 허기진 배를 너의 꽃물花蜜로 달래던 그 처참함이 이제는 아스라이 그리움으로 돌아오는구나. 나를 구황救荒한 고맙기 그지없는 너! 실은 몸서리치는 세한歲寒의 설중동백雪中冬栢 너에게서 인고忍苦를 배웠지. 눈발을 한가득 둘러쓰고서도 종족 보존을 하겠다고 그렇게 겨울과 싸우고 있다. 얼마나 발이 시리고 무릎이 아릴까. 뺨은 추위에 익은 새빨간 꽃으로, 칼바람 맞으며 서 있는 겨울 동백꽃. 꽃은 씨를 맺자고 붉은 피를 흘린다. 겨울 바닷가에 네가 없었다면 내 얼마나 황량하였을까? 나를 따스하게 보듬어 주었던 너를 잊지 못하노라! 그리움에 지쳐서 빨갛게 멍이 들어 버린 동백, 너를 말이다!

동백나무는 딱딱하고 매끄러운 줄기, 반들거리는 이파리에 새빨간 꽃잎이 특징이다. 주로 바닷가에 나고, 떼 지어 군락을 이루는데 12월이면 벌써 저 남쪽에서는 꽃망울을 터뜨리기 시작해 오는 해 4월까지 화려한 꽃 잔치를 이어 간다. 주로 중부 이남에 자생하며 동해안은 울릉도가, 서해안은 대청도가 북방 한계선이다. 우리나라 동백은 모두 홑꽃이며, 부숭부숭 여러 겹으로 피는 것들은 거의가 일본 동백이다.

동백나무는 차나무과의 상록 교목인데, 노각나무와 차나무도 같은 무리다. 밑에서 가지가 갈라져서 관목으로 되는 것도 많다. 교목은 큰 줄기가 하나로 높게 자라는 나무를 말하고, 관목은 여러 개의 줄기가 나고 키가 작은 나무를 말한다. 줄기는 아주 딱딱하고, 나무껍질은 회백색이며, 잎은 어긋나고 타원형 또는 긴 타원형이다. 잎 가장자리에 물결 모양의 잔 톱니가 있고 반짝반짝 윤기가 나며, 꽃은 이른 봄 가지 끝에 1개씩 달리고 적색이다. 꽃받침은 5개, 꽃잎은 5~7(주로 5개)개가 밑에서 합쳐져서 비스듬히 퍼지고, 수술은 많은데 꽃잎에 붙어 있어서 뚜벅뚜벅 꽃잎이 떨어질 때 함께 떨어져 버리고 암술만 외롭게 혼자 남는다. 꽃은 이울어 가는 것을 서러워하지 않는다고 하지. 진 뒤에는 열매를 남기니 말이다. 언제 투박하고 우직한 사랑 한번 주고받고 싶다! 동백나무 잎은 염료나 모기향으로 쓰고, 재목은 단단하여 악기나 농기구를 만들며, 보통 3개인 열매 속 씨는 기름을 짜서 머릿기름으로 쓴다. 바닷가 할머니들이 씨를 주워 대소쿠리에 말리는 것을 어디서나 본다. 여인네들은 동백기름 자르르 흐르는 검은 머리를 참빗으로 곱게 빗어 내리고, 꽃잎으로 전까지 부쳐 먹으니 귀염 받아도 마땅한 나무로 조상들의 애잔한 삶의 때가 묻어 있다. 동백꽃의 꽃말은 '삼가고 조심하며 허세 부리지 않는다'는 '신중愼重'이라 한다. 참고로 김유정의 『동백꽃』에 나오는 동백은 이 동백나무가 아니고, 이른

봄 산수유를 닮은 샛노란 꽃을 피우는 생강나무다. 한국 사람들은 반개半開한 꽃을 좋아한다고 한다. 정녕 미개未開한 꽃에는 미지의 두려움이 숨어 있지만, 이미 피어 버린 것에는 시듦이 들어 있어 싫다.

겨우살이 중에는 꼭 동백나무에만 기생하는 놈이 있으니 '동백나무겨우살이'다. 기생충과 숙주가 정해져 있다는 것으로 이런 것을 '생물의 특이성'이라 한다. 그런데 찬바람 쌩쌩 불어 대는 겨울과 봄 문턱에 핀 동백꽃은 무슨 수로 꽃가루받이를 하는 것일까. 그 샛노란 꽃가루를 옮길 봉접蜂蝶이 얼음 추위에 나와 있을 리 만무하다. 그렇다고 바람이 꽃가루를 퍼뜨리는 풍매화도 아니다. 동백꽃은 새가 꽃가루를 날라 주는 조매화鳥媒花이다. 우리나라에서는 아주 드문 일로, '동박새'가 동백꽃의 꽃가루를 옮긴다.

동박새는 참새목 동박새과에 속하는데, 실제로 크기나 모양이 참새를 닮았다. 동박새를 영어로는 'white-eye'라 하는데 눈가에 '은색의 고리 무늬'라고도 부르는 흰 테가 있어 붙은 이름이다. 참새를 닮았으나 앞가슴이 황록색이고 그 아래에 흰 털이 나며, 꽁지는 귤색, 옆구리는 포도색에 가깝다. 나무에 집을 지으며, 먹이는 거미, 파리, 모기 등 곤충이나 나방의 유충인 송충이 들인데 벌레들이 없는 겨울과 초봄에는 감나무 가지 끝에 있는 까치밥, 다른 나무 열매나 동백꽃의 꿀물을 빨아 먹고 산다. 그래서 동백과 동박새는 뗄 수 없는 인연이라는 끈으로 묶인 관계다. 동박새는 나라 안에서 이동하는 떠돌이새漂鳥이다. 여름에는 높은 산에서 살면서 번식을 하고, 겨울이 오면 인가로 내려와서 먹이를 얻는다.

동박새나 참새는 새끼에게 벌레를 잡아 먹여 키운다. 곡식과 벌레를 다 먹는 잡식을 하는 새이지만 새끼는 반드시 벌레를 잡아다 먹인다는 것이다. 그렇지 않은 새가 없다. 벌레는 단백질이니 새까지도 그것을 알고 단백질과 지방이 많이 들어 있는 벌레를 먹인다. 지방은 해롭다 해서 크는 아이들에게 육류나 달걀을 먹이지 않는 어머니들은 이 새들에서 슬기를 배워야 한다. 삼대三代를 잘 먹어야 장골壯骨이 난다고 했다.

저 남쪽 여수 오동도의 해장죽(대의 일종)과 어울려 흐드러지게 피어난 그 꽃들도 때로는 찬 바닷물을 뒤집어쓰며 칼바람에 가지를 흔들어 댄다. 왜 그 새와 나무들은 꼭 그곳에 태어나 살아가는 것일까. 그래서 "만물은 제자리가 있다萬物皆有位."고 했던가. 하기야 사람도 자기를 알아차리고 제자리를 지켜야지 턱없이 설쳐 대는 사람은 아름답지 못하다. 늙으면 더욱 그렇다. 분수分數를 알라는 것. 연년세월, 한곳에서 꽃피우고 묵묵히 자리를 지키며 살아가는 저 동백에서 한 수 배워 볼 것이다. 세상에 독불장군獨不將軍 없다. 어디 혼자서 장군이 될 수 있는가. 반드시 서로 협조하면 살 것이다. 동백나무와 동박새가 서로 도우면서 살듯이 말이다! 이렇게 예쁜 꽃은 진한 향기가 없지만 대신 달콤한 꿀이 있다. 더 긴 이야기를 해 무엇하랴. 애련哀戀에 피멍 든 당신!

헤일 수 없이 수많은 밤을

내 가슴 도려 내는 아픔에 겨워

얼마나 울었든가 동백아가씨

그리움에 지쳐서 울다 지쳐서

꽃잎은 빨갛게 멍이 들었네

권오길

　　오묘한 생물체계를 체계적으로 안내하며 일반인들에게 대중과학의
친절한 전파자로 신문과 방송에서 활약하고 있는 저자는 경남 산청에서
태어나 진주고교, 서울대 생물학과와 같은 대학원을 졸업했다. 이후 수
도여고·경기고교·서울사대부고 교사를 거쳐 강원대학교 생물학과 교
수로 재직했으며, 현재 강원대학교 명예교수로 있다. 1994년부터 〈강원
일보〉에 '생물이야기'를 비롯해 2009년부터 〈교수신문〉에, 2011년부터
〈월간중앙〉에 칼럼을 연재하고 있다.

　　청소년을 비롯해 일반인이 읽을 수 있는 생물 에세이를 주로 집필했
으며, 글의 일부가 중학교 2학년 국어 교과서('사람과 소나무')와 초등학교
4학년 국어 교과서('지지배배 제비의 노래')가 실리기도 했다.

　　지은 책으로는 1994년『꿈꾸는 달팽이』를 시작으로『인체기행』『생
물의 죽살이』『개눈과 틀니』『손에 잡히는 과학교과서 동물』『흙에도 뭇
생명이』『괴짜 생물이야기』『생명교향곡』'우리말에 깃든 생물이야기'
시리즈 등 40여 권이 있다. 2000년 강원도문화상(학술), 2002년 한국
간행물윤리위원회 저작상, 2003년 대한민국과학문화상, 2016년 동곡상
(교육학술 부문) 등을 수상했다.

>>> 권오길 교수의 생물 에세이

달과 팽이
국판변형 | 240쪽 | 12,000원

바다를 건너는 달팽이
국판변형 | 240쪽 | 12,000원

한국과학문화재단 추천도서 | 경영자독
서모임(MAS) 선정도서

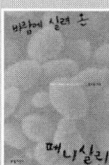

바람에 실려 온 페니실린
국판변형 | 272쪽 | 12,000원

책따세(책으로 따뜻한 세상을 만드는 교사
들) 추천도서

생물의 다살이
국판변형 | 256쪽 | 12,000원

한국과학문화재단 추천도서 | 한국간행
물윤리위원회 추천도서

열목어 눈에는 열이 없다
국판변형 | 248쪽 | 12,000원

한국간행물윤리위원회 청소년 권장도서

생물의 죽살이
국판변형 | 256쪽 | 12,000원

한국과학문화재단 추천도서

생물의 애옥살이
국판변형 | 272쪽 | 12,000원

한국간행물윤리위원회 청소년 권장도서
| 환경부 우수환경도서

꿈꾸는 달팽이
국판변형 | 280쪽 | 12,000원

한국간행물윤리위원회 저작상 | 한국독
서능력 검정시험 대상도서 | 전국독서새
물결모임 선정 추천도서

하늘을 나는 달팽이
국판변형 | 304쪽 | 12,000원

한국출판인회의 선정도서

권오길 교수의
흙에도 뭇 생명이…
국판변형 | 224쪽 | 13,000원

환경부 우수환경도서 | 문화체육관광부
우수교양도서

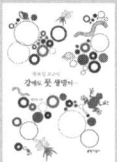

권오길 교수의
강에도 뭇 생명이…
국판변형 | 272쪽 | 14,000원

우수교양도서

권오길 교수의
산들에도 뭇 생명이…
국판변형 | 208쪽 | 15,000원